瓦が語る日本史

中世寺院から
近世城郭まで

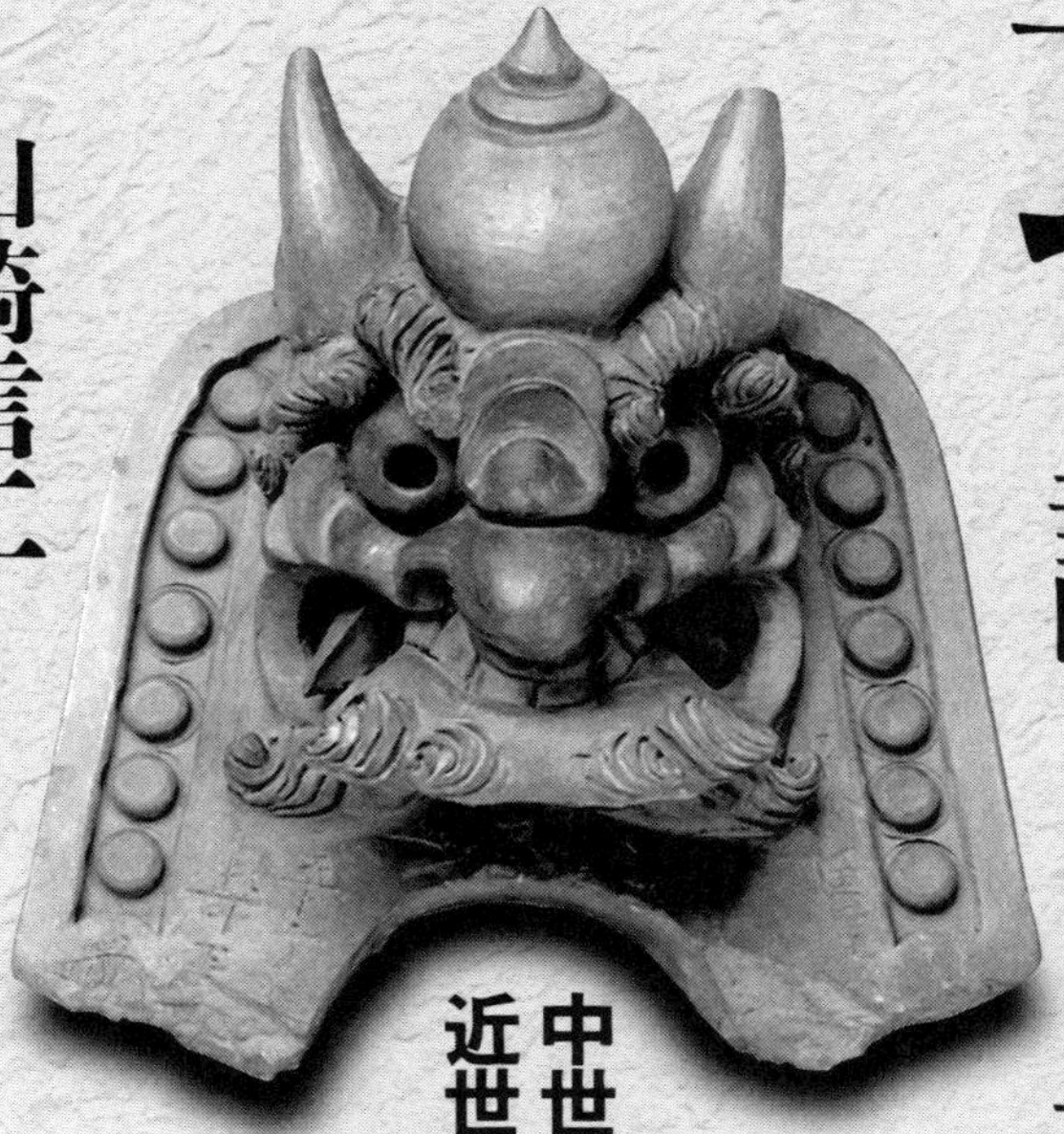

山崎信二

吉川弘文館

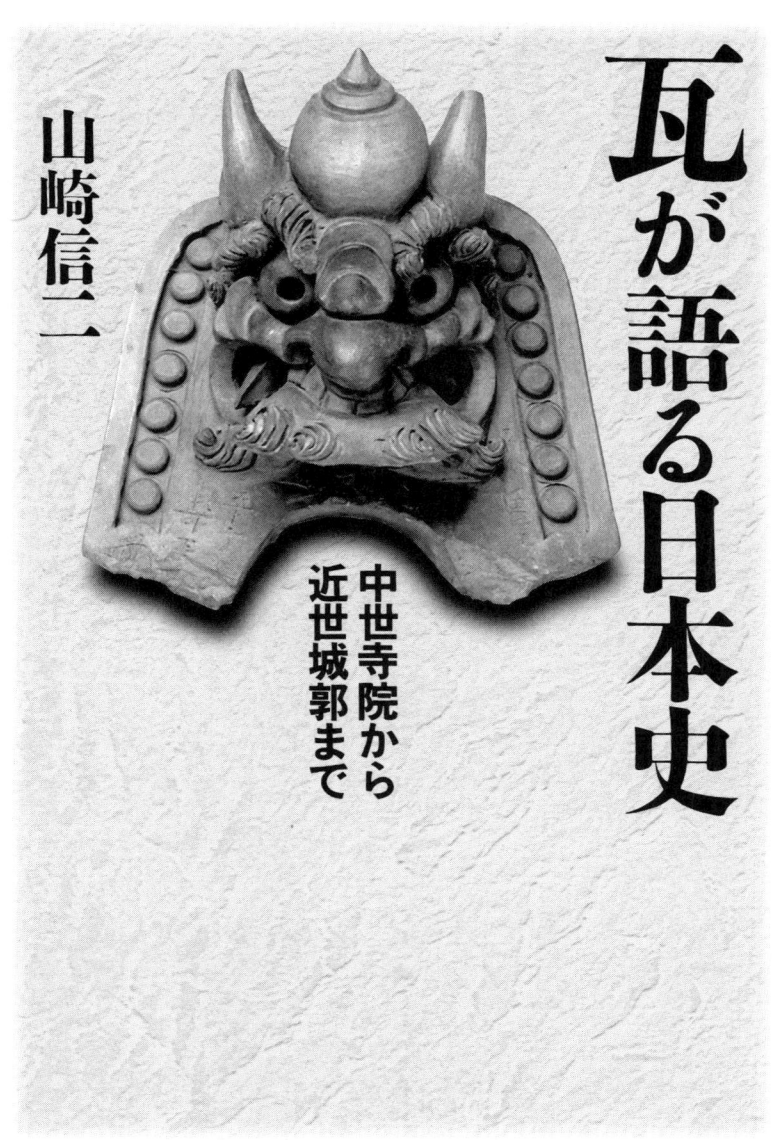

目 次

挿図目次

はじめに

瓦は建物の屋根を葺くために粘土を一定の形に成形し、乾燥し、焼成したものである。瓦の研究、瓦の変遷の研究といっても、一般の人には、なじみがない。あるいは、瓦はあまり価値のないもののたとえに使われる。言く、「瓦礫の如く」と。しかし、時代を遡れば遡るほど、瓦は重要な建物にしか葺かれていない。一般の民家に瓦が葺かれるようになるのは明治以降のことである。江戸時代民衆が瓦葺きの建物に住むことは一種のあこがれであったに違いない。したがって、古代・中世・近世における瓦は、きわめて価値のあるものだったのである。

日本の瓦生産は、西暦五八八年に朝鮮半島百済から瓦博士が派遣されて始まった。蘇我氏主導で造営された飛鳥寺の建物の屋根を瓦で葺くのである。その後、数箇寺、やがて数十箇寺の瓦葺き寺院が全国で造られ、西暦七〇〇年頃には、数百箇寺の瓦葺き寺院が造られた。この頃、大王（天皇）が住む宮殿の公的施設でも瓦葺きになり、やがて地方の役所にも瓦葺き建物が造られることとなった。

東アジアにおける瓦生産は、中国の西周時代初期に遡り、それは今から三〇〇〇年を超える以前のことであるが、中国の統一王朝（秦・漢）以降の南北の分裂によって、瓦製作のスタイルに大きく二つの流派が生じた。北朝スタイル、南朝スタイルがこれである。先述のように、日本には五八八年に南朝スタイルの百済の造瓦法が伝わり、六三〇年頃、同じく南朝スタイルの新羅の造瓦法が伝わった。さらに、日本独自の改良点が加わって、次第に日本的なものに変っていく。大化の改新を前後とする時期以降、大王家主導の寺院造営が行なわれ、これに用いた瓦は北朝スタイルを受け継ぐ中国唐の瓦を意識したものであった。しかし、これらの造瓦法は、政府直属瓦工の工房内で保持されており、広く全国に波及するのは、かなり後の段階のことである。

そして、瓦の製作法はさらに日本的なものへ変化していくが、それが決定的になるのは、平瓦桶巻《ひらがわらおけまき》作《づく》りから平瓦一枚作《ひらがわらいちまいづく》りへの変化であり、それは七二〇年頃の平城宮造瓦で達成された。平瓦桶巻作りというのは桶状器具の周囲に粘土を巻きつけて粘土円筒を作り、これを四分割して平瓦四枚を作りあげる方式である。平瓦一枚作りというのは、糸切りによって適切な大きさの粘土板を作り、凸型台上で叩きを加えて、カーブを作り出す方式のものである。今から数十年ほど前までは、東アジアの各地、すなわち中国や朝鮮半島そして沖縄でも平瓦桶巻作りの製作法であったのだから、日本の平瓦一枚作りというのは、まことに東アジアの異端児であった。

日本の中・近世の瓦は、瓦の日本化を極端に押し進めたものである。ただし、平瓦に限っていえば、中・近世の平瓦の製作法は一枚作りであることは間違いないが、その細部の工程はあまり明らかでない。明らかにならない最大の理由は、平瓦の凹凸面をケズリ・ナデなどの二次調整加工によって、初めの製作工程の痕跡が消し去られているからである。古代においては凸型台上でカーブを作り出した凸型台一枚作りであったが、近世では凹型台一枚作りであり、中世においても凹型台一枚作りを先駆的に採用した例があるとする説（A説）と、凸型台上で一枚一枚叩き締めて四枚積み重ねる、凸型成形台積み重ね四枚作り技法を提唱する説（B説）があるが、西暦一三〇〇年前後の群馬県高崎市来迎寺・浜川北遺跡や神奈川県金沢文庫遺跡では、ほぼ四枚に一枚ほど凹面に布目があり、他の三枚ほどは布目がなく、凹面凸面の両方にハナレ砂と格子叩きの痕跡が残り、B説の手法が中世において確かに存在することを示している。いずれにしても、中・近世の平瓦を凸型台上でカーブを作り出したか、凹型台上でカーブを作り出したかを、個々に確定するのは（先述のように二次調整加工が入念なので）困難であり、ここではこれ以上この問題に深く立ち入らないことにする。

次に平瓦と組み合う丸瓦《まるがわら》については、古代から近世まで一貫して円筒状器具の周囲に粘土円筒を作り、それを二分割する方法で作ったものが大部分である。

以下では、丸・平瓦以外の瓦の種類とその内容について、古代から中世へ、そして近世へとどのように変化するのかを概略的にみていこう。

まず、古代初期では屋根の上に丸瓦と平瓦を組み合わせて葺き上げ、瓦を葺いた軒の先端部分には文様を付けるが、文様は軒丸瓦だけに付いていた。葺かれる建物は仏教寺院なので、蓮華（ハスの花）

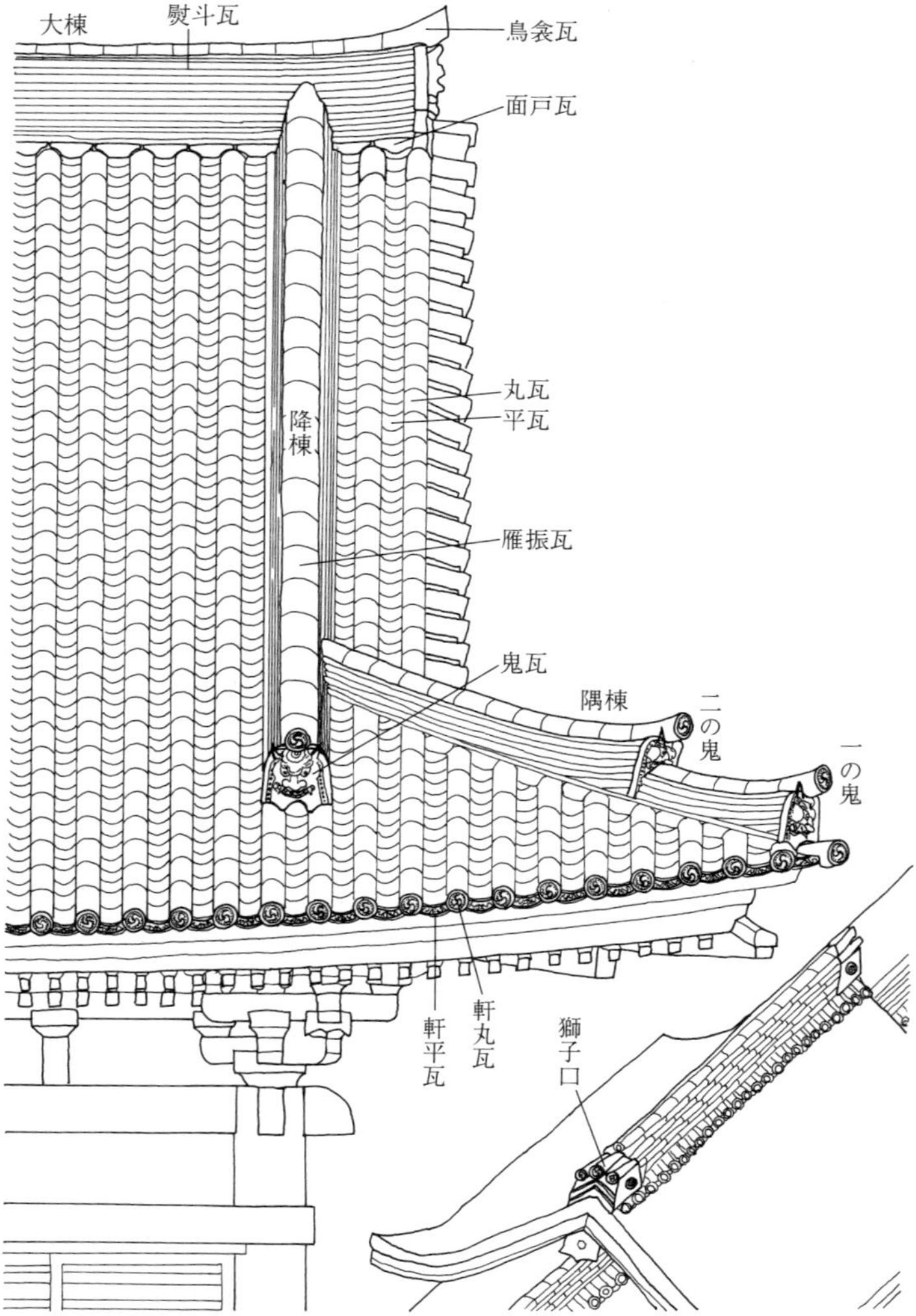

第１図　瓦の種類と使用場所

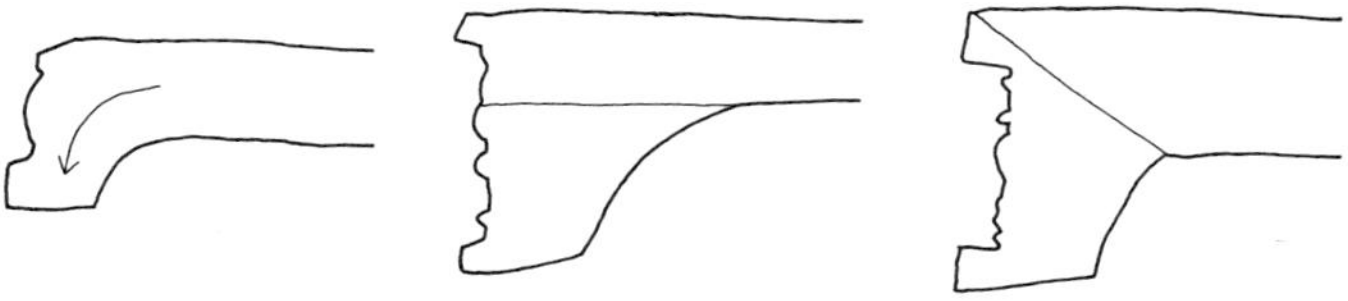

折り曲げ技法　　顎貼り付け技法　　瓦当貼り付け技法

第２図　軒平瓦の瓦当部の接合方法

文軒丸瓦が圧倒的に多い。この他に、屋根の板裏を支えるために棟から軒にわたす垂木の先に釘で打ちつけられる垂先瓦《たるさきがわら》、棟の両端に用いた蓮華文様を飾る板状の瓦である蓮華文鬼板《れんげもんおにいた》、大棟の両端に取り付けた大型の装飾品である鴟尾《しび》などがあった。その後、軒先では平瓦、すなわち軒平瓦《のきひらがわら》にも文様が付けられるようになり、垂先瓦は金具に次第にとってかわり、鬼板は鬼の形を表現した鬼瓦《おにがわら》へと変化していく。古代の最終末から中世にかけて軒丸瓦の文様は蓮華文から巴文《ともえもん》へと変化していく。巴は日本では水の渦巻いているのを象ったものとみなされていたので建物の防火に役立つと考えられたらしい。

　中世においては棟端の鬼瓦の上に乗って長く突出させる軒丸瓦としての鳥《とり》衾《ぶすま》、棟には半截した平瓦としての熨斗瓦《のしがわら》を積み上げるが、その上にのせる半円形の冠瓦としての雁振瓦《がんぶりがわら》、鬼板と同じ目的で棟の両端に用いる箱形の組み合せ瓦である獅子口《ししぐち》、宝形造の屋頂にある四角の台とその上にのる伏鉢の形をした露盤《ろばん》の他に、怪魚が口をあけて魚形になった鴟尾である鯱《しやちほこ》の初源的なものが出現している。

　さらに、それぞれの種類の瓦の細部の変化をみると、軒平瓦では中世になるとその製作技法が折り曲げ技法・顎貼り付け技法・瓦当貼り付け技法に分類（第2図）される。古代の軒平瓦は、一枚作りに変化した後では、後方の平瓦部は分厚いものが多く、軒平瓦の文様面（瓦当《がとう》）に足るだけの分厚さを用意し、後方の平瓦部も一連の作業の中で製作されるので分厚くなるものが多い。ただ例外として京都の平安後期の軒平瓦は、通常の平瓦の厚さのものを瓦当面で折り曲げて作るため、後方の平瓦部は薄いものが多い。この頃の京都の折り曲げ造り軒平瓦は、作業台の上に水平に范型《はんがた》を置き、范型の上に平瓦広端部を凸面がわに折り曲げた部分を押しつけている。

中世の軒平瓦は後方の平瓦部が薄く、軒平瓦の文様面（瓦当）をどのように文様が描けるだけの分厚さにするかが問題となる。平瓦部と長方形の短い顎部を接合する顎貼《あごは》り付け技法、平瓦部先端を斜めに切り、一面が斜めの長方形粘土を接合する瓦当貼《がとうは》り付け技法、平瓦の先端を折り曲げ瓦当部粘土を付加する折り曲げ技法の三者であるが、これらはいずれも凸型台上で軒平瓦の全形をあらかじめ作り、作業台・凸型台やあらかじめ作られた軒平瓦の全形に対して横から范型を打ち込んでいる。したがって折り曲げ技法・顎貼り付け技法・瓦当貼り付け技法といっても、大局的にみると大きな差はないし、しばしば二者の技法が融合したようなものが出現している。

しかし、和泉や南摂津地域の軒平瓦は巨視的にみると中・近世を通じて顎貼り付け技法で一貫しているし、その製作技術を同じくする瓦工たちは播磨や紀伊や関東でも活躍しているのである。大局的には瓦当貼り付け技法と大差はないといっても、造瓦技術の地域差と造瓦法の流れという観点からは重要な意味をもってくるのである。すなわち、大和・京都・鎌倉では、いずれも軒平瓦の製作技法が一二六〇年をすぎた頃から瓦当貼り付け技法へ変化していく。ところが一五〇〇年以降では、全国の軒平瓦は、ほとんどすべてが顎貼り付け技法へと統一されていく。最終的には和泉・南摂津の「顎貼り付け技法」の勝利といえるのである。

軒平瓦の製作法以外にも、中世の瓦は古代と大きく異なっていく。まず、重源による東大寺再建の中で、一部の軒平瓦の裏に建物の瓦座からずり落ちないように引掛けとしての方形突出部が生じる。また鎌倉時代初期の大和や鎌倉では、丸瓦を製作する過程で粘土円筒を布袋ごと引き出す際に、布袋と粘土円筒との附着力を強くするために丸瓦布袋吊り紐《ひもつ》が発案される。軒丸瓦・軒平瓦では瓦当周縁の面取りが多くなり、丸瓦・軒丸瓦・平瓦・軒平瓦などいずれもケズリ・ナデによる二次調整加工が多くなっていく。鬼瓦は古代の笵型による文様作出の方法から、瓦工の手作りによる造形へと変化する。また軒瓦相互では、それぞれを引掛けるため、軒平瓦では縁が箱のように延びて軒丸瓦の凹面に作られる半円形の仕切りと組み合わさって、相互に固定するための引掛け軒瓦が完成するようになり、また隅《すみ》軒平瓦では平瓦部凹面に階段状か突起状の水切りが生じているのである。

このような中世における日本瓦の改良は、「瓦の中に水が浸透しない」「瓦が堅く長持ちする」「屋根に葺きやすい」などの良質な瓦を生むための実学的な観点から行われており、それは瓦大工と呼ばれる瓦工の棟梁が、瓦の形を自ら決め、造形・焼成し、建物に葺きあげるまでの全体としての施工能

第３図　城郭瓦の種類と使用場所

力・技術を持つことによって可能になったのであり、また瓦工人の専業化と自営独立化により、製作技法および製作工程全体が弟子達によって次世代に伝達される状態を作り出したのである。ただし中世の造瓦は、全国的な造瓦量という点では古代に及ばず、限定された都市の寺院で使用されていた。

織豊期になると、全国的に城郭瓦が製作されはじめた。織豊期を通じての瓦製作における新たな技術は方形粘土塊（タタラ）から粘土板を切り取る際に、従来の糸切り（コビキA）から鉄線切り（コビキB）に変化したことであり、また城郭使用の瓦という点から大棟を高く棟積みするために、大棟の小形棟飾りの種類（輪違《わちがい》・青海波《せいかいは》・菊丸形《きくまるがた》・菱形・六角形など）が格段に増え、大棟両端には鯱が欠かせないものとなった。中世を通じての職人の技術の向上は著しく、中世末期には瓦生産技術も完成段階へ向かっていたが、織豊期の瓦工相互の技術交流によって新たな瓦の種類の発案があり、一気に完成段階に到着したのである。

以上のような古代から中世そして近世へと変遷する瓦をとらえて、本書は何を明らかにしようとしているのか。私には、『古代造瓦史―東アジアと日本』（雄山閣、二〇一一年）、『中世瓦の研究』（雄山閣、二〇〇〇年）、『近世瓦の研究』（同成社、二〇〇八年）の分析があり、各時代の瓦の詳細についてはこれらを参照していただきたい。ただし、『中世瓦の研究』においては、中世最終末の造瓦の状態については意図的にふれなかったし、次の『近世瓦の研究』においても、その第三章「中世から近世へ―四天王寺住人瓦大工と播州英賀住人瓦大工」は、二〇〇五年の発表論文の再掲載であり、『近世瓦の研究』

の完成をふまえて、もう一度、中世から近世への造瓦の変遷を再論する必要があったのである。

中世末から近世において、大和系・四天王寺系・姫路系の瓦工が主流であることを初めて明らかにしたのは田中幸夫氏である。氏は大学にも行政にも属さない民間の研究者で、自費で調査旅行を実施した。そのレポート『瓦板』は「中世瓦が面白くて未知のものがだんだん明らかになっていく波に乗っていた頃のものです」と私あての手紙にも書いているように、実際の瓦と、瓦に記される銘文とを組み合わせて三系統の存在を明らかにしたことは高く評価されなければならない。本書もまた、この田中氏が論じた問題を、再び新たな視点で論じようとするものである。中世瓦や近世瓦の研究の歴史は新しいが、文字が記される瓦の報告だけは古く遡っている。しかし、現在それを実見できる物はほとんどない。実見できないどころか、写真や拓本の縮小図も見られず、記された瓦の内容や文字の筆跡が全くわからないものも相当数を占めている。ヘラ書き瓦は断片的な文字の羅列が多く、他から読まれることを意識していないので、意図的な物語を述べない点で信頼できるが、断片的な文字の意味を正確に読みとれるかどうかが問題となる。

印刷された文字だけの情報で、ある仮説を作る。すなわち、播磨の瓦に記される彦次郎と大和の瓦に記される彦次郎とは、同一人物であると。しかし、この結論を導くには、最低でも文字相互の比較が不可欠である。同じ筆跡かどうか。あるいは、どのような瓦に記されているか。このような断片的な文字の解釈については、研究者が想像する以上の具体的な内容を要請してくるものが多い。この点で文字は貴重で有効な有難い存在だが、具体的な内容を解釈する際に間違う可能性もあり、恐い存在でもある。同様に、考古学的資料も、同笵、例えば大和と播磨の軒瓦が同笵というとき、瓦の文様を作り出す笵型は木製笵型一個であり、その一個の道具で作られた瓦が大和と播磨で出土しているということである。木製笵型が片方に移動して、両地域で瓦が製作されたのか、製作された瓦が片方に運ばれたのかが明らかにされなければ、歴史的な解釈も異なってこようというものである。

非常に酷似した文様の瓦が両地域に存在するので両地域の文化交流は極めて密であると、表現するのは考古学者としては楽であり、具体的な物事を知らなくても表現できる内容である。しかし、現実の文字瓦や同笵瓦は具体的な解釈を要請している。使用できるすべての考古遺物としての瓦を多角的に考察し、ヘラ書き瓦の情報とを組み合せて、個々具体的なことがらを明らかにする必要がある。

すでに述べたように、田中幸夫氏が明らかにした大和系・四天王寺系・姫路系の瓦工集団の差は、具体的な瓦の中では軒平瓦文様の中にみられることが指摘されてきた。ただ、三系統のいずれに入れるべきか判断に迷う文様も少なくない。この点では、軒平瓦における引掛け軒平瓦の横桟の形態差、および隅軒平瓦の水切りの形態差が大和系と四天王寺系とで大きく異なることを、前著『近世瓦の研究』で指摘した。今回は、三系統の鬼瓦を意図的に多く図面化して、鬼瓦の形態・顔の差、とりわけ顔の表情が全く異なることを明らかにしたことが本書の成果の一つである。それ以外の個々の具体的内容については、次の各章・各項で考えていきたい。

Ⅰ　中世の瓦生産への変化

中世の瓦生産において主導的な役割を果たしたのは、大和・京都・和泉の瓦工たちであった。以下では、具体例として大和の場合をみていこう。

平重衡による治承四年（一一八〇）の南都の焼き打ちにより、東大寺は壊滅的な打撃を受け、興福寺は、ほぼ全焼した。両寺の再建方法と瓦調達法は大きく異なっており、そこに中世の瓦生産へ占める位置付けも大きく異なってくる。また、十三世紀前半の法隆寺の大修理も大規模なものであった。この三寺にみられる造瓦例を通して、中世的瓦生産へ移行する過渡期の状態をみていきたい。

一　東大寺再建過程での瓦調達法

1　重源による東大寺再建時の造瓦

東大寺が焼失した翌年、重源(1)が造営勧進職に任ぜられ、七道諸国を勧進することになった。重源は造営の経済的基盤を民衆上下の喜捨に求めようとしたが、この方法では大仏の鋳造までは行ないえたが、大仏殿造営は困難であった。そこで、重源は国家の援助を得て、知行国制の適用を受けることになり、文治二年（一一八六）に東大寺造営料として周防国を与えられ、重源は国務を管理することになった。重源は、周防国で用材の採取にとりかかるが、多くの困難が待ち受けており、建久元年（一一九〇）に、ようやく大仏殿母屋の柱を建てることに成功している。しかし、周防一国での東大寺再興は、なお困難であった。そこで、建久四年の高雄の文覚の申し出もあり、同年四月、重源に東大寺造営料として備前国を付すことを申し付けている。

その後の建久六年三月、後鳥羽天皇・七条院・源頼朝等が東大寺に臨み、盛大な大仏殿供養が行なわれている。その後、建仁元年（一二〇一）三月には、大仏殿の四面回廊、本年造功なるをもって、重源は次に七重塔の建立を望んでおり、この年に回廊が完成したことが知られる。また、南大門は正治元年（一一九九）に上棟され、南大門の二王像ができた建仁三年に、伽藍の総供養が行なわれている。したがって、重源が建永元年（一二〇六）八十六歳で没するまでに、大仏殿・中門・回廊・南大門が完成していたことが知られるのである。

このような重源生存中の東大寺再建瓦は、岡山県赤磐郡瀬戸町にある万富瓦窯(2)で焼成されたことが明らかにされている。昭和五十四年（一九七九）の万富瓦窯での確認調査では一三基の窯が確認されているが、元来は、その倍程度の数の窯があったものらしい。万富瓦窯の発掘調査で出土した瓦の総数は少ないが、万富瓦窯の東方を流れる吉井川の川底から「東大寺大仏殿」の文字を配する軒丸瓦が多量に採集されているので、大和東大寺の再建瓦との対比が可能になるのである。

まず、東大寺防災施設に伴う発掘調査[3]では、中央に梵字𑖀（ア）を配し、その周りに東大寺大仏殿の文字、およびその外側に複弁八弁蓮華文を配する軒丸瓦が九種出土している。報告書番号の401のA～G、402のA・Bの軒丸瓦である。401A・C・E・Gおよび402Aと同笵の軒丸瓦は瀬戸町周辺で採集されたものが町で保管されており、また401Bと同笵の瓦および402新の軒丸瓦は岡山県立博物館に万富瓦窯のものとして所蔵されている。401DとFは岡山県下での所蔵例はまだ確認できないが、この二種も万富瓦窯産のものと考えてよく、軒丸瓦九種は万富瓦窯で焼成され東大寺へ運ばれたことが明らかである。

軒平瓦は、中央に梵字𑖀（ア）を配し、左右に東大寺大仏殿の文字を配するもので、東大寺の発掘資料、岡山県下での発掘・採集資料とも完形の瓦当が残るものはなく、東大寺南大門・鐘楼修理工事の際に、各地に分散した資料の中に完形品がある。瓦当の完形品はないが、東大寺防災工事に伴う発掘調査で出土した資料が種類も多く基準となるものであり、それは501A～Hの八種の軒平瓦と、文字を囲む個々の円の中が半球状に盛り上がる破片（報告書の502C・503B・503C）が万富瓦窯産のものと考えられる。

以上あげた軒丸瓦・軒平瓦と重源による東大寺再建過程を併せて考えると、次の点が指摘できるだ

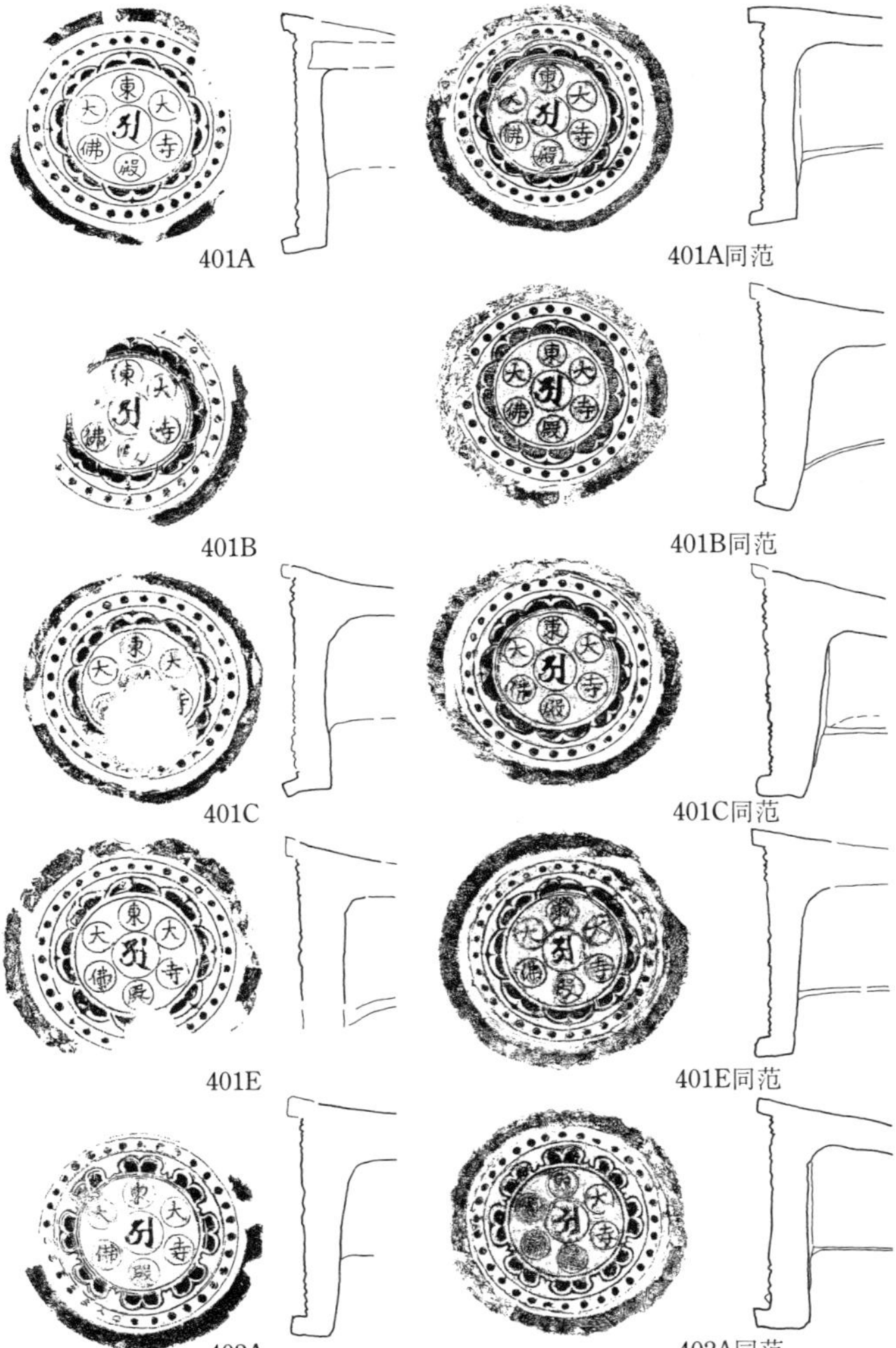

第４図　東大寺再建期の軒丸瓦

左＝東大寺，右＝万富窯（縮尺 1：9）

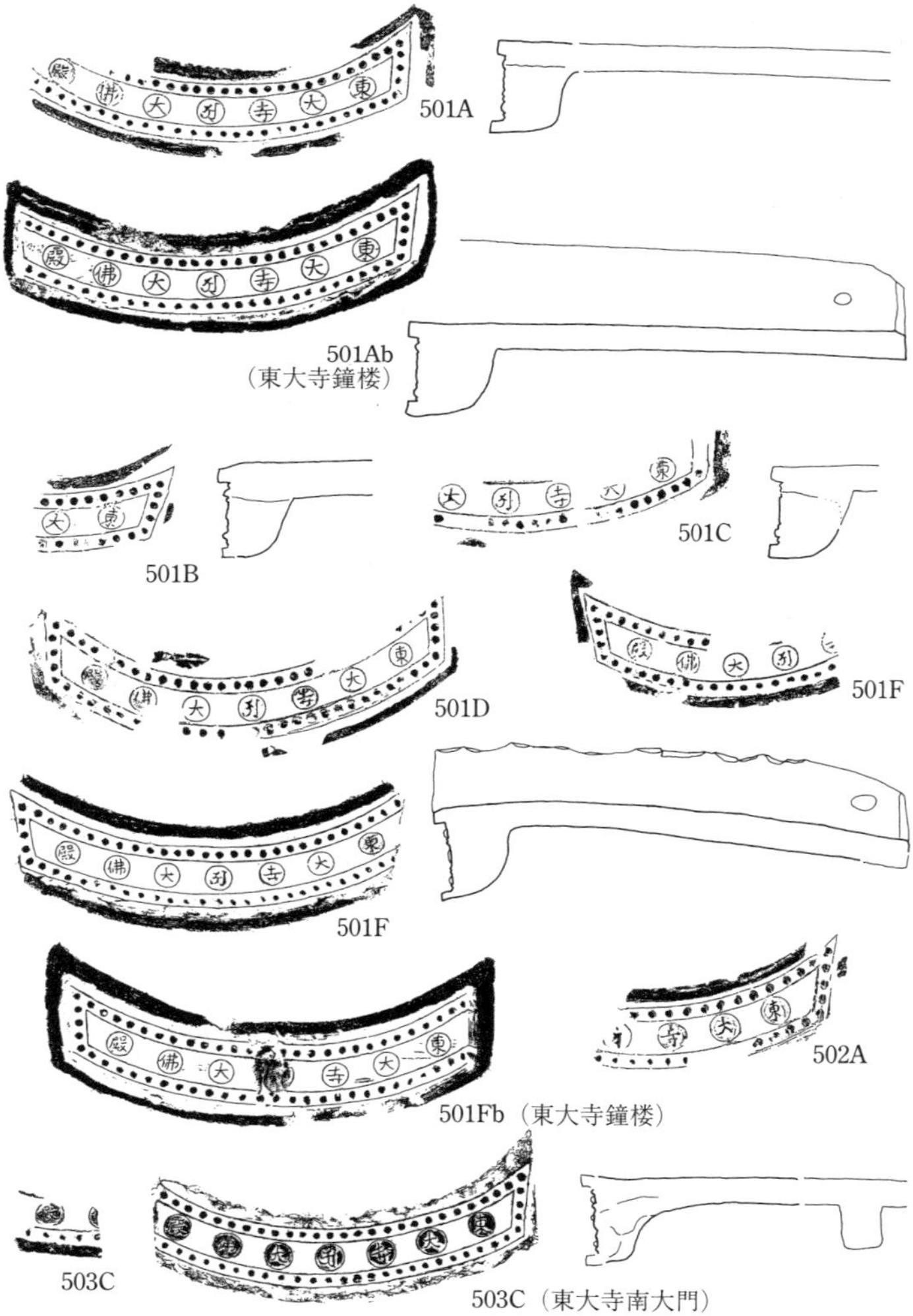

第５図　東大寺再建期の軒平瓦

東大寺境内（縮尺 1 ： 9）

ろう。

第一に、大仏殿だけでなく、中門・回廊・南大門の瓦も、東大寺大仏殿の銘ある軒瓦を使用していることである。東大寺大仏殿は、東大寺と同じ意味に使われているのである。東大寺造営に際し、多種多様な文様の瓦は使わず、一つの規格性ある瓦を使用している。

第二に、重源に東大寺造営料として備前国を付したのは建久四年四月で、建久六年三月の大仏殿供養まで二年弱の造瓦・瓦葺期間しかないことである。おそらく、瓦工の大量動員がなされたと思われる。この大仏殿に使用する軒丸瓦・軒平瓦の笵が何種であったか明らかでないが、複数の笵を使用したのは間違いあるまい。そして軒丸瓦九種は二群に分類でき、401A～G軒丸瓦では複弁の弁端が尖り、文字を囲む円の中が平坦であるのに対し、402のA・B・新の軒丸瓦では弁端が内側に切り込み、文字を囲む円の中が半球状に盛り上がっている。軒平瓦では、501A～Hの八種は文字を囲む円の中が平坦で、軒丸瓦の前者に対応し、502C・503B・503Cが円の中が半球状に盛り上がる資料で軒丸瓦の後者に対応する。前者の軒平瓦501A～Hでは、顎部の形態が特徴的であり、平瓦部の厚さに対して、瓦当面の上下厚は三・五倍に達し、顎部の附加粘土は極めて多く、瓦当部の重さは軒平瓦の約三分の一を占めている。そして、顎部・瓦当裏面をヨコナデ・ヨコハケによって丸く仕上げるという、特徴的な仕上げである。一方、軒平瓦502C・503B・503Cの資料は、円内が半球状に盛り上がるもので、503Cのほぼ完形に近い瓦当をもつ資料が瓦宇工業で保管(4)（南大門の修理資料である）されており、この軒平瓦は顎部から瓦当裏面の部位にかけてタテナデをもち、前者軒平瓦の特徴とは異なるものである。重源在任中の軒平瓦では、その末期のものもヨコナデ・ヨコハケで丸く仕上げていること、東大寺境内の発掘では大仏殿周辺に円内を半球状に盛り上がらせる資料が少なからず出土していることから、大仏殿用の造瓦時など初期の瓦の中に、瓦当文字の円内を半球状に盛り上がらせる後者の一群があると考えておきたい。やはり、二年弱で造瓦・瓦葺を大仏殿に行なうというのは現実的に厳しいものがあり、仕上げおよび細部文様に若干の異なるものが生じたと考えておきたい。

第三に、造瓦期間を奈良時代と比較すると、造瓦開始から大仏殿・中門・回廊完成まで奈良時代約八年（七五〇～七五七年）、鎌倉時代も九年（一一九三～一二〇二）で、ほぼ同一期間を費しているが、奈良時代の造東大寺司は回廊用の瓦五万枚を興福寺・四天王寺・梶原寺に依頼しているのに対し、鎌倉時代は万富瓦窯ですべて製作されている。もちろん建物規模の考慮なしに単純比較はできないが、重源による大仏殿・中門・回廊の造瓦がいかに大規模に連続して行なわれたかは、明らかである。

第四に、東大寺鐘楼(5)の屋根の上にのっていた、「東大寺大仏殿」銘軒瓦をどのように解するかである。東大寺鐘楼の建立は、重源没後で栄西の大勧進職の時の造営の可能性が高いと考えられている。栄西の時にも、万富瓦窯で東大寺用の瓦を焼成したと考えていいのだろうか。しかし、元来、備前国は東大寺造営の困難さのため、一時的に途中から造東大寺料国として賜わったのであるから、重源没後は収公されたと考えてよい。また備前国において、長沼荘・神崎荘・南北条の三荘と野田保は東大寺領となっているが、万富の地が荘園化された資料はない。やはり重源没後は万富瓦窯において造瓦焼成は行なわれなかったとみなければならないだろう。そして、東大寺伽藍の総供養が行なわれた建仁三年（一二〇三）以降、重源が没する建永元年（一二〇六）までは、万富において造瓦は継続して行なわれたと考えてよいだろう。おそらく塔用の瓦を想定して、瓦が製作されたのだろう。

そして、東大寺鐘楼の屋根の上にのっていた「東大寺大仏殿」銘の軒平瓦をみると、片側または両端を切り縮めたものが多いことに気付く。すなわち報告書の鐘楼Aは501A軒平瓦を、鐘楼C'は503C軒平瓦の左側の珠文帯を切り縮めたものであり、報告書の鐘楼Bは501Fの軒平瓦の右側を、鐘楼Cは502A軒平瓦の両側の珠文帯を切り縮めている。重源は東大寺伽藍のすべての瓦を「東大寺大仏殿」銘で統一しようとしていたと思われ、瓦の大きさを范型の切り縮めによって解消しようとしていたとみられる。すなわち、鐘楼の屋根の上にのっていた「東大寺大仏殿」銘軒平瓦は、一二〇四年から一二〇六年頃に万富瓦窯で生産されたもので、おそらく塔を想定して製作されていたものであり、その運搬が重源生存中か没後であるかは別として、その瓦を鐘楼用の瓦として栄西の時代に使用したとみることができよう。

第五に、東大寺の軒平瓦の中には、平瓦部凸面の中央に突出部のひっかけを有するものがあり、また万富瓦窯でも方形突出部の破片が出土している。この方形突出部をもつ軒平瓦は、兵庫県小野市浄土寺（重源の播磨別所）や、万富瓦窯周辺の寺々である備前町真光寺三重塔や牛窓町本蓮寺本堂などでは、室町時代まで使用されているので、重源との関係および、在地における造瓦技術の伝承などが考慮されなければならない。ただし、万富瓦窯産の軒平瓦の中に、引掛け部のあるものとないものがあり、細かい検討ではこの点を具体的に明らかにする必要がある。

第六に、瓦が巨大化したことである。奈良時代の東大寺所用軒平瓦の左右幅が二七〜三〇㌢であるのに対し、鎌倉時代の「東大寺大仏殿」銘軒平瓦の左右幅は四〇㌢である（ただし、元禄時代の「東大寺大仏殿」銘軒平瓦は四五㌢と最大）。瓦の大きさは白鳳期にやや大きくなり、藤原宮軒平瓦で三〇〜三四㌢、大官大寺軒平瓦で三四〜三六㌢となるが、平城宮の時代はやや小さく、平城宮大極殿軒平瓦で二五〜二七㌢、東大寺瓦で二七〜三〇㌢である。平安時代になると瓦の小型化はさらに進む。東大寺の鎌倉時代再建瓦が従来のものに比べて格段の大きさを示すことは、重源の指示によるものとみてよいだろう。

2　その後の東大寺再建瓦

重源が没した後、東大寺大勧進職に任ぜられたのは栄西であり、それは建永元年（一二〇六）から建保三年（一二一五）までの九年間であった。承元二年（一二〇八）に、栄西は雷火で焼失した法勝寺の九重塔の修復の命を朝廷から受けており、建保元年に完成させている。東大寺知行国であった周防は、重源没後、西園寺公経の知行国となっていたが、承元三年に法勝寺再興料国として栄西に付せられている。これからみると栄西勧進職時の東大寺には、周防国も備前国もなく、この経済的基盤の弱さが栄西時代に東大寺再建工事が進捗しなかった理由であろう。

多賀宗隼氏(6)によると、東大寺復興に関する栄西の事蹟の片鱗として、承元年間に周防から東大寺東塔用の材木を送ったこと、入唐縁起に東大寺のことを奉行して「刻鐘楼造畢」とあるのは、鐘楼を造った意味であろうこと、などをあげている。この栄西の時期に製作された東大寺再建瓦としては、愛知県渥美町の伊良湖東大寺瓦窯跡(7)の瓦が候補としてあげられる。

伊良湖産瓦は軒丸瓦・軒平瓦とも「東大寺大仏殿瓦」と書き、万富瓦窯産の軒瓦と比べて梵字がなくなり「瓦」の文字が瓦当面に記されること、軒丸瓦文様に蓮華文が配されないことが異なっている。東大寺の瓦では、嘉禄三年（一二二七）から建長元年（一二四九）頃までは、東大寺伽藍内の個々の建物名を瓦当文様として配しており、全体的な名称としての「東大寺大仏殿」の文字は採用しなくなっている。したがって、伊良湖産瓦は「東塔廊瓦」の嘉禄三年よりは古いとみなければならない。また軒平瓦の顎部の形態が曲線顎風に作られており、「東塔廊瓦」軒平瓦より古い形態を示している。さらに瓦全体の大きさが巨大な万富瓦窯産の軒瓦よりやや小さい程度で、軒平瓦でみると左右幅三五《チセン》であり、鐘楼の上にのる万富瓦窯産の軒平瓦（片側の珠文帯または両側の珠文帯を切り縮めたもの）の左右幅三七～三八《チセン》に近くなっている。

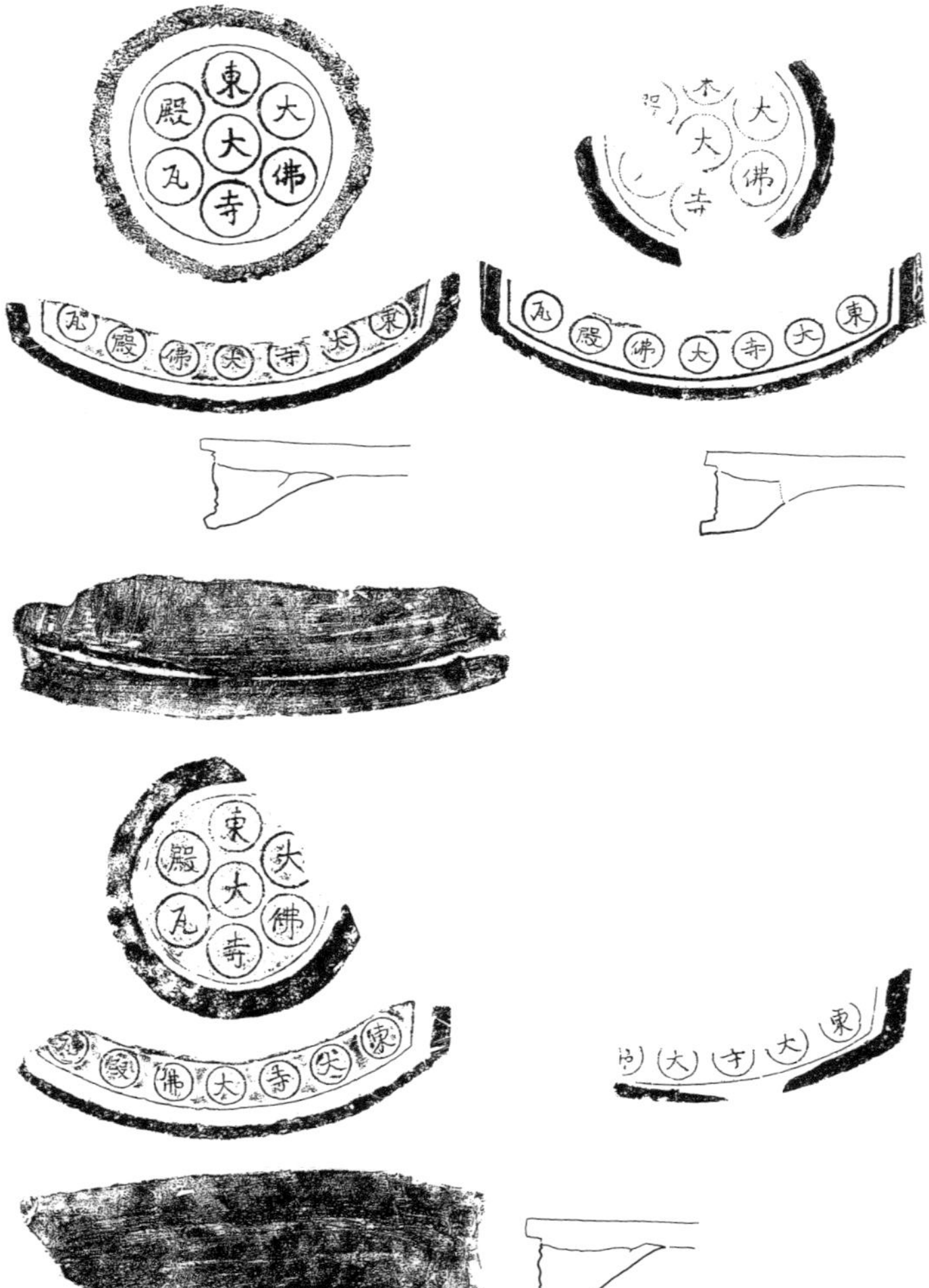

第６図　伊良湖東大寺瓦窯の軒瓦

左＝伊良湖窯，右＝東大寺（縮尺　１：８）

東大寺防災施設に伴う発掘調査での伊良湖産瓦は一ヵ所に集中することなく、散在的な分布を示し、どちらかというと大仏殿院の回廊の外面で検出されるようだが、瓦を葺きあげた建物は特定できない。発掘調査報告書では、西面大垣で検出したものを、承元四年（一二一〇）の「西面大垣始修理了」の記述と結びつけており、これも一つの考えである。

国史跡伊良湖東大寺瓦窯跡の指定解説書には、「鎌倉時代における東大寺の瓦を供給した窯の一つであることは明らかである」と強調しているが、昭和四十二年（一九六七）の指定当時は、東大寺境内で伊良湖東大寺瓦窯の軒瓦は全く知られておらず、開発から遺跡を守るため、指定とその説明に苦心したようである。しかし上述のように、現在では東大寺境内で軒丸瓦二種・軒平瓦二種とも検出されているのである。また指定の際には、東大寺と三河との関係の薄さも問題になったらしい。

では、なぜ三河から東大寺に瓦を運んだのであろうか。その手がかりは、栄西・行勇・安達景盛の関係からではないだろうか。栄西の在世中に活動を共にした弟子は退耕行勇である。北条政子は、安達景盛の勧めで、源頼朝の菩提を弔うために高野山に金剛三昧院を開創しており、行勇を第一世としている。「行勇禅師年考」(8)では、これを頼朝の十三回忌の建暦元年（一二一一）のこととしている。『吾妻鏡』によると行勇と鎌倉幕府との関係は深いことがわかるが、金剛三昧院の願主大蓮上人（安達景盛）とは特に深い関係があったとみなければならない。そして、三河の守護職は、建久五年（一一九四）から正治元年（一一九九）頃は安達盛長である可能性が高く、正治から暦仁元年（一二三八）までのある時点で足利氏に帰したと考えられている。安達景盛は建保六年（一二一八）に出羽介となり、秋田城を管したが、承久元年（一二一九）将軍実朝が暗殺された時、景盛はその死を悲しんで高野山に入って出家している。景盛は出家する以前は、父盛長から受け継いだ三河守護職にあったとみるべきだろう。三河産の瓦が東大寺へ搬入されたのは、栄西——行勇——安達景盛の親密な関係の中で、三河守護職景盛の段どりによって実現したと考えられる。

栄西の後を継いで東大寺大勧進職となった行勇は、とりわけ鎌倉幕府との関係が深く、鎌倉で多忙を極めており、最晩年しか奈良に在住していない。重源以降において、栄西そして行勇が造営を引き継いだのは東塔の件であり、重源は元久元年塔の造営に着手、栄西は承元二年に立柱を行ない、承元三年第二層の柱を建てているが、承元三年になって法勝寺塔の奉行を命じられることによって、東大寺東塔の造営は実質的に中断している。行勇は、まずこの東塔の造営再開を行ない、ようやく完成することとなった。東塔廊瓦が製作されたのが嘉禄三年（一二二七）のことであり、東塔造営の費用は、大田粥田当荘の寄進、あるいは成功、そして諸国口別米勧進などによるものであった。そして、東大寺が本格的な再建をさらに押し進めることができるようになったのは、寛喜二年（一二三〇）以降に周防が再び東大寺造営料国となったことが大きかった。これによって、戒壇院の本格的造営が行なわれ、戒壇院瓦は天福元年（一二三三）に作られたことがわかる。次いで講堂は嘉禎二年に立柱が行なわれ、翌年上棟している。行勇は、嘉禎三年から延応元年（一二三九）まで、奈良に在住しており、東大寺講

第７図　東大寺再建期の軒瓦

7は久留美窯，他は東大寺（縮尺 1 : 6）

堂の造営は進捗したものと考えられる。東大寺講堂の瓦は、この頃製作されたものであろう。行勇の没（一二四一年）後に僧坊建設が行なわれ、「建長元年東大寺三面僧坊」銘の軒丸瓦の出土から、僧坊の瓦ができたのは建長元年（一二四九）であることがわかる。

以上述べた軒瓦については、次のような組み合せになると考えられる（第7図）。

㈠　中房に「七」の字を配する複弁八弁蓮華文軒丸瓦と「東塔廊瓦嘉禄三年造立」銘軒平瓦

㈡　「戒壇院瓦天福元年五月造」銘軒丸瓦・軒平瓦

㈢　「東大寺大講堂」銘軒丸瓦・軒平瓦

㈣　「建長元年東大寺三面僧坊」銘軒丸瓦と均整唐草文軒平瓦

これら四種の組み合せの瓦は、どこで製作されたのであろうか。それを考える手がかりとして、同范関係をみてみよう。まず㈠の同范例は知らないが、㈡は大和法華寺・伊賀新大仏寺で出土し、㈢は兵庫県三木市の久留美窯で軒平瓦が出土し、㈣の軒丸瓦・軒平瓦のセットが京都蓮華王院で出土している。

㈡については、法華寺の嘉元二年（一三〇四）縁起に、湛空が法華寺の門・築垣を修理したとあり、湛空の没年は建長五年（一二五三）であるから、天福元年から数年経過した頃に、法華寺でこの瓦が使用されたと考えられる。法華寺は重源によって修造がなされており（御堂一宇、塔二基、丈六一躰幷脇士）、この時期、東大寺とは関係が深いのである。この点を考えると、㈡の組み合せの瓦は大和で製作されたものであろうか。

㈢の軒平瓦は、三木市久留美中筋Ｂ区の下段水田遺物包含層より出土しており、この組み合せが久留美窯産のものであることがわかる。久留美窯が所在する場所は、中世の久留美荘と考えられ、鎌倉時代から南北朝期にかけては九条家領で、その後は奈良春日社領となっている。この久留美荘の北西に接するのが大部荘で、ここは東大寺領荘園であり、重源時代に播磨別所（浄土寺）が建立されている。おそらく、東大寺大講堂の瓦は、播磨別所の段どりで、平安末期以来の窯跡である久留美窯で焼成され、東大寺に運ばれたものであろう。

㈣の蓮華王院は、寛元四年（一二四六）以降宝治三年（一二四九）までに修造されたが、その供養直前の建長元年に焼失、再び建長三年に上棟式があり、落慶供養は文永三年（一二六六）に行なわれている。蓮華王院では、㈣の組み合せの軒瓦と、二巴文軒丸瓦と剣頭文軒平瓦の組み合せ（平城薬師寺と同笵）が共に南都と同笵であり、これらは京都・奈良のどちらで焼成されたかは別として、大和の瓦工の製品と考えられる。

以上をみると、東大寺の再建過程に伴う造瓦は、本所（東大寺）という職場から遠く離れた場所にあって、東大寺に身を寄せるような瓦大工の成長を充分に発達させる方式のものでなかったことは明らかである。すなわち、備前という遠い地域で大規模な造瓦を一三年間行ない、栄西の晩年、三河で一時期造瓦を行なったが、大和国内での造瓦は行なわれなかった。そもそも平安時代の中頃以降において、東大寺が有する瓦屋は存在しなかったことは、『造興福寺記』の記述によって明らかであり、鎌倉時代初頭に知行国制によって他所から瓦を運ぶ方式を選択したことが、東大寺に関係する大和での瓦大工の成長をさらに停滞させる原因となったのである。

行勇の時代になって、ようやく大和国内での造瓦が行なわれるようになったが、㈡の瓦である「戒壇院瓦天福元年五月造」の軒瓦は、いずれも早い時期に笵型が磨耗して、文字が判読しずらくなっており、これは笵型の素材としての樹種の選択を誤っているのであり、とても瓦製作の専門家の製品とは思われない。そして、㈢の段階の瓦においても、まだ遠く離れた播磨の地から搬入したのである。最も有力な社寺の一つである東大寺と結びつく大和での瓦工人の持続的な活動は、おそらく㈣の瓦の時代である建長年間以降のことであろう。

二　興福寺再建における造瓦

興福寺は治承の兵火によって全焼したが、この頃藤原氏の力は依然強力であったため、藤原氏本家氏寺としての興福寺は、東大寺にくらべ再建はかなり早かった。寺の中で工事を急いだのは維摩会を行なう場所としての講堂または食堂であった。講堂は文治二年（一一八六）にほぼ完成し、翌年に瓦や金具などの工事が終了しており、食堂は講堂より早くできたらしい。講堂は主として氏長者によって造営され、食堂は寺僧沙汰によって造営されている。一方、中金堂は建久五年（一一九四）に供養が行なわれており、中金堂院の回廊・中門や南大門もこの供養を目ざして造営されたようである。中金堂は九条兼実が氏長者になってから造営が本格化し、兼実の知行国としての伊予国が動員された。そして、北円堂については、承元二年（一二〇八）に造立に着手し、承元四年には露盤をあげている。

興福寺再建のための造瓦は、興福寺に近接した場所で行なわれた。元興寺旧境内の奈良市第七次調査(9)で出土した瓦には、興福寺鎌倉時代再建期のものが多く含まれており、この付近に瓦窯跡の存在が想定されている。

興福寺再建の軒瓦については、発掘調査で出土した一、二点の瓦から、その所用建物を特定しようとする論考もあるが、現状で所用建物と軒瓦を特定できるだけの出土数には達しておらず、その一、二点にこだわると考え方が窮屈になる。もう少し、巨視的にみた方が誤りが少ないだろう。

平安後期の興福寺の軒平瓦の顎形態は、深い段顎→浅い段顎→曲線顎へと変化し、永長元年（一〇九六）の興福寺の火災後の再建瓦において、はじめて顎部が曲線顎へ変化しているが、その曲線顎には若干のバラエティーが、平安後期の段階から存在したのである。すなわち、第一の場合は、顎部は直線的であり、斜線を描くもの、第二の場合は円形の丸みをおびた曲線顎の形態である。治承四年兵火直後の興福寺の軒平瓦も、この二者の特徴を受け継ぐものとなっている。第一の場合の顎部が直線的な斜線を描く軒平瓦は、瓦当文様の中心飾りがC字形・逆C字形が向きあうもの(10)で、軒平瓦の左右幅が三〇〜三一センチ、瓦当厚が一〇センチあって、分厚い大形の瓦である。軒平瓦の左右幅は「東大寺大仏殿瓦」の四〇センチに遠く及ばないが、瓦当厚では分厚くなっている。この瓦は、興福寺で柱間寸法が最も広い建物である講堂で葺かれたもので、文治二年頃作られたものと考えられる（第8図5・6）。一方、食堂の軒平瓦は、第二の場合の円形の丸みをおびた曲線顎の形態のもので、瓦当文様の中心飾りは棒状の縦線を有するものである（第8図7）。

このように、興福寺の再建初期の軒平瓦に、二つの文様と二つの顎部形態において微妙な差が生じているのは、講堂が氏長者沙汰、食堂が寺僧沙汰によったからであろう。氏長者が模範にするのは、

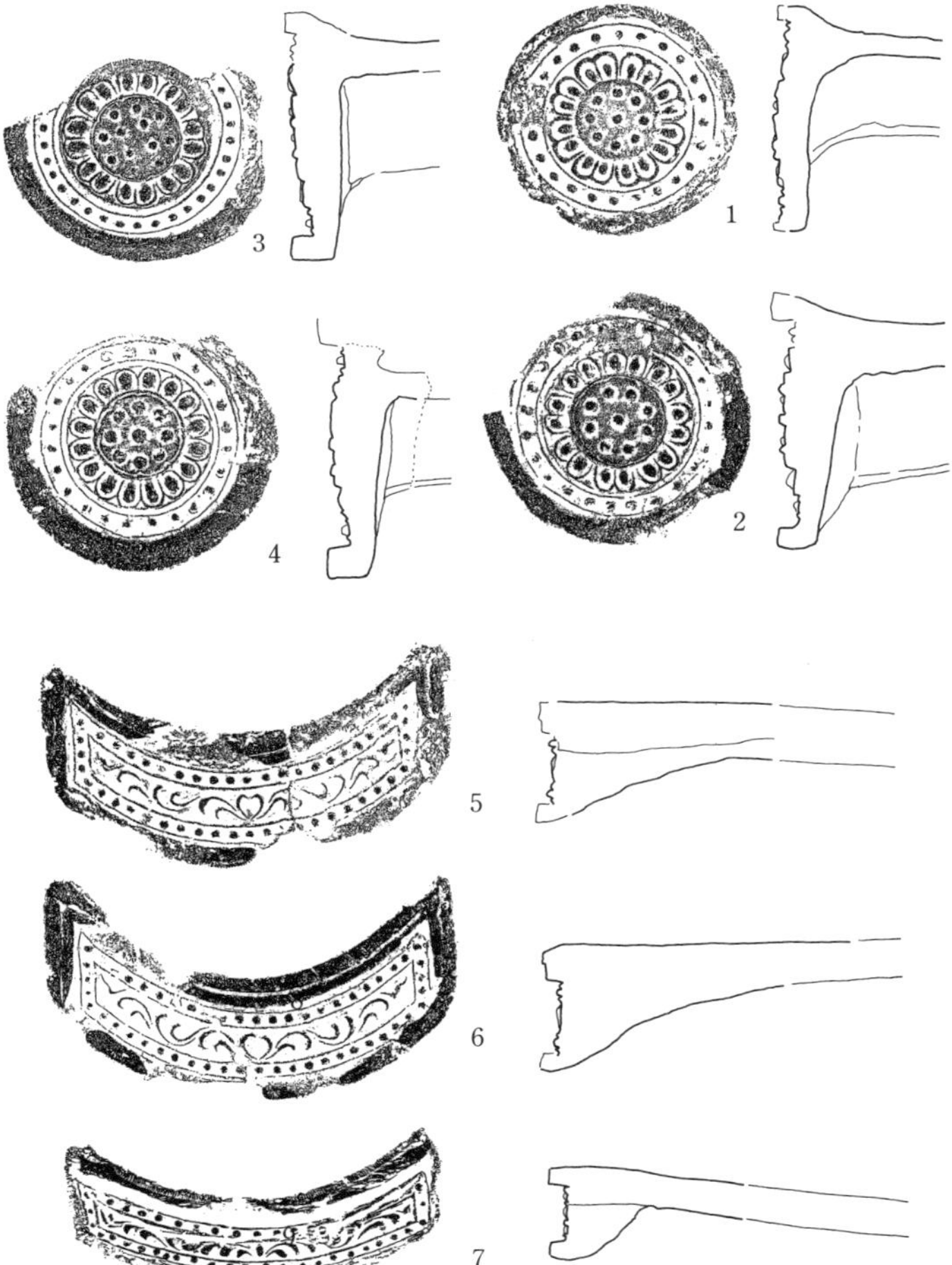

第８図　興福寺再建期の軒瓦（縮尺 1：8）

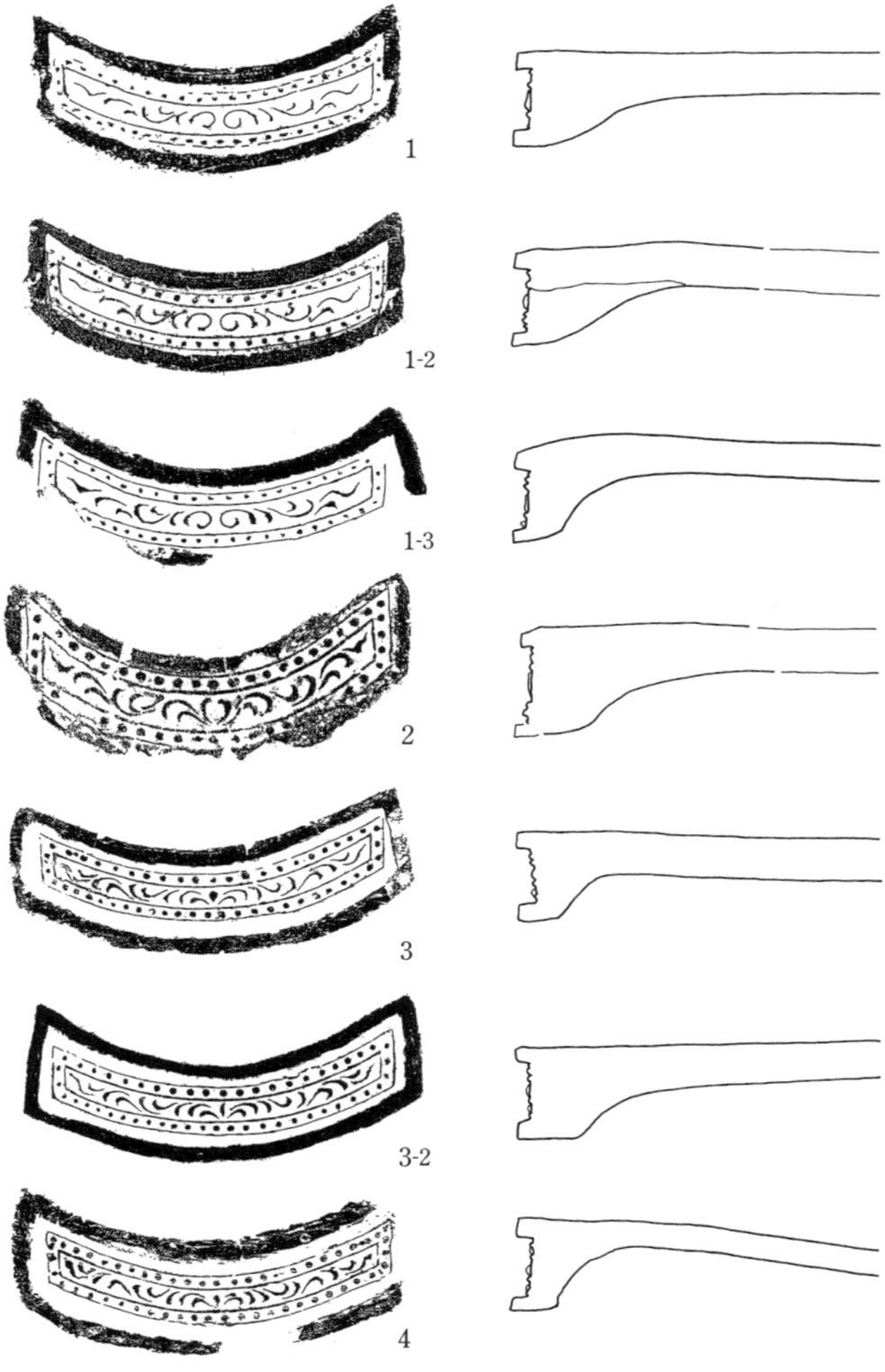

第９図　興福寺再建期の軒平瓦（縮尺 1：8）

永承再建時の興福寺と永承造営時の平等院であり、軒平瓦の瓦当文様における中心飾りのC字形・逆C字形の組み合せ文様は、法隆寺製作の平等院用軒平瓦にみられるものであった。寺僧沙汰による食堂の軒平瓦は、瓦工提示の文様になったのであろう。

次に中金堂院ができた段階の軒平瓦は、瓦当文様中心飾りのC字形・逆C字形組み合せのものは少なくなっており、中心に棒状縦線飾りをもつものが主流であり、これに新たに下向きのC字形の中心飾りをもつ軒平瓦が加わっている。これらの軒平瓦の顎部は、すべて、円形の丸みをおびた顎形態のものに統一されている。そして、北円堂が造営された一二〇八〜一二一〇年頃の軒平瓦では、中心飾りに棒状縦線飾りをもつものが三種類、下向きのC字形飾りをもつものが一種類使用されており、顎部下端は三〜四㌢の平担部をもつように変化している。中世を特徴付ける軒平瓦の顎形態が出現しているのである（第9図）。

このように、この時期の興福寺の瓦は、大和の瓦生産の中心であり、いろいろな意味で大和の瓦生産をリードする立場にあったとみられる。北円堂の造営では、瓦作大工一人・瓦葺大工二人（寺方・官行事所）・引頭二人とあって、瓦工組織の中世的な変革は、すでに北円堂の段階でおおよそ形成されていたことを知るのである。また、瓦葺の分野ではあるが、「寺座」と「官行事所座」の二つの座がみられ、職場を獲得しやすい有力な本所（興福寺）に身を寄せ、職場の独占を目的とした座を結成したことが知られるのである。そして瓦作大工は一人だけが親方分であって、他の大勢は弟子分であった。そして、北円堂で使用した軒平瓦一種（下向きのC字形飾りをもつもの）は、その後、瓦笵周縁の珠文帯を切り縮めたものが、建長年間の頃に、法華寺・西大寺そして京都醍醐寺に供出されている。これは興福寺に身を寄せながら独立しつつある瓦工人が、大和北部一帯や京都にまで出稼ぎを行なうようになったことを示すものであろう。

三　法隆寺大修理における造瓦

南都の諸寺は、いずれも鎌倉時代に修理が行なわれており、法隆寺では東院を中心として西院に及ぶ鎌倉時代前期の修理が行なわれている。東院の舎利殿・絵殿は承久元年（一二一九）に着工し、二年で造り終えている。次に夢殿が寛喜二年（一二三〇）に棟上げ、礼堂が寛喜三年に棟上げを行ない、『法隆寺別当記』によると、嘉禎三年（一二三七）に礼堂と回廊の瓦を葺いている。一方、西院では経蔵が嘉禄三年（一二二七）に修造され、またこの年に『太子伝私記』によると勝鬘会が東院から講堂に移されているから、経蔵と回廊でつながる大講堂が改造されたことが想定できる。金堂は寛喜元年に屋根の葺き替えが行なわれ、三経院および西室は寛喜三年に棟上げが行なわれている。そして西円堂は宝治二年（一二四八）から造りはじめ、建長二年（一二五〇）に本尊を安置している。

これらの鎌倉時代前期の修理瓦[11]は珠文縁の複弁八弁蓮華文軒丸瓦と均整唐草文軒平瓦の組み合せで、243と番号付けされた軒平瓦は四種（A・B・C・D）の笵型が使用された。まず軒平瓦243Aの瓦当文様は、外区を法隆寺東院創建の軒平瓦をまねて、珠文を密に、四外区を画する区画線を描いたもので、

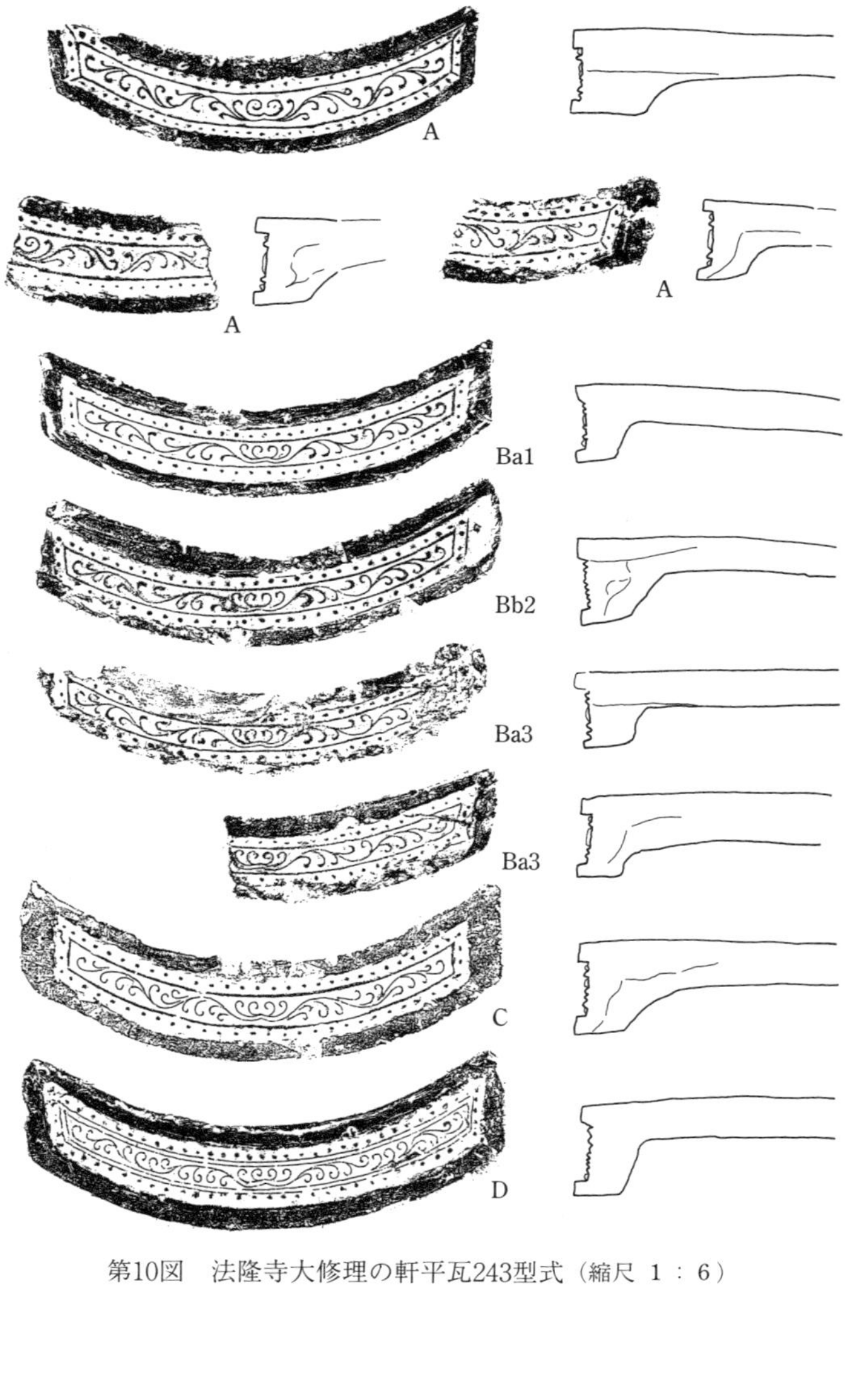

第10図　法隆寺大修理の軒平瓦243型式（縮尺 1：6）

内区の唐草文様は、平等院永承造営期の法隆寺製瓦を模倣したもので、四回反転中、中心からの三回転は三本の支葉を配する点で共通している。このような復古瓦243Aを最初に製作し、次いで243B→243C→243Dの瓦笵が生み出されていった。

これを出土地でみると、243Aの初期の笵で顎貼り付けの技法を示すものは、東院地区にほぼ限定され、伝法堂や絵殿・舎利殿周辺部分で出土し、一二一九〜一二二〇年頃のものと考えられる。そして、243Aの笵傷の進んだものは、西院と東院に分布する。すなわち西院では243Aと243Bの二種の軒平瓦の笵を用い、折り曲げ技法が主流だが顎貼りつけ技法も併用し、経蔵・講堂・金堂・西室用に一二二七〜一二三一年頃製作され、東院では243Aと243Cの笵を用い、折り曲げ技法を示す軒平瓦が夢殿・礼堂・回廊において一二三〇〜一二三七年頃製作された。最後に243Dが西円堂に使用され、その軒平瓦は折り曲げ技法によっており、一二四八〜一二五〇年頃に製作されている。

以上のように軒平瓦の作り方は、はじめ顎貼りつけ技法で始まり、次に折り曲げ技法に変化していくが、一二二七〜一二三一年頃は、両技法の併存期間がある。この段階では、製作技法に一貫性がなく、「折り曲げ」工人のみの操業と、「折り曲げ」工人と「顎貼り付け」工人との両者の共業、および「顎貼り付け」工人のみの操業の、三通りの操業形態がみられるのである。このように、この時の軒平瓦の笵の文様および顎部形態は比較的統一されているが、その製作途中における個々の中味については寄せ集めの工人たちによる造瓦と考えざるをえない。

そして法隆寺の瓦に瓦工名が残されているわけではないが、寛喜二年（一二三〇）五月二十三日の法隆寺夢殿修造の上棟を行なった棟札の墨書(12)には、仕瓦工として、「貞末、記三、忠二、藤材、二郎、源三、金剛丸、増住、権少才、源三、千行、泉、幸礪」の瓦工名が列記されている。これを約二〇〇年前の永承二年の『造興福寺記』と比較すると、当時の法隆寺瓦工は、瓦工長貞空法師と瓦工等であり、瓦工等は「国役繁多」く、瓦作りのためには「臨時雑役」の免除を願い出なければならない人達であった。今回の夢殿修造瓦では貞末が指導的役割を果している可能性は高いが、社会的には「仕瓦工」として他と同じ立場であり、軒平瓦の製作技法も折り曲げと、顎貼りつけの各自、思い思いの方法で作っており、完全な統一を図ってはいないのである。そして、これらの瓦工達の名前をみても、血縁的な瓦工集団をイメージすることは難しく、造瓦の経験者・未経験者をとりまぜながら、日常は荘民として農耕し、造瓦作事・本所作事があるたびに工人として奉仕するという形をとった者が大部分であっただろう。

しかしながら、鎌倉時代中期以降、室町時代初期にかけて、西の京の薬師寺・唐招提寺などから法隆寺の地域にかけては、数多くの寺院の修理が待ち受けており、多くの造瓦が必要であった。これらの地域の瓦工たちは造瓦経験を積むにつれて、特定の有力な巨大な本所は存在しないため、就業機会・期間が限られる数箇所の本所を組み合せて操業し、造瓦能力を高め、ほぼ年間を通して造瓦活動を行ないうる瓦工が、西の京において成長してくることになる。

四　鎌倉後期・南北朝期の大和の瓦工

鎌倉後期・南北朝期における具体的な大和の瓦工名がわかるのは、唐招提寺金堂の鴟尾に、「此御堂元享三年癸亥春三箇月間　成上葺畢以此次同六月候西方鮪　作賛之作者寿王三郎大夫正重」（一三二三年）のヘラ書を残す寿王三郎大夫正重のみであり、この正重は一〇年後の「法隆寺別当記」憲信僧正の条の「元弘二年壬申二月廿四日。蓮光院地蔵堂供養在之。施主瓦大工三郎大夫」（一三三二年）と同一人物と考えられている。正重は、後の橘国重の祖父か曾祖父と考えられており、国重はⅡの「中世的瓦大工の時代」で詳しく述べる橘吉重（彦次郎）の父と考えられる。したがって、大和の鎌倉後期・南北朝期の瓦工たちの成長過程・活動状態を跡付ける文字資料はほとんどないのであるが、以下では大和の瓦と他国の瓦との同笵軒瓦[13]から、大和の瓦工の出稼ぎおよび大和瓦の他国への搬出状態を探ってみたい。

まず、中世Ⅲ期（一二六〇〜一三〇〇）の瓦である。

①大和当麻寺出土中央花文左右唐草文軒平瓦は大阪府東大阪市神感寺出土軒平瓦と同笵（第11図）。

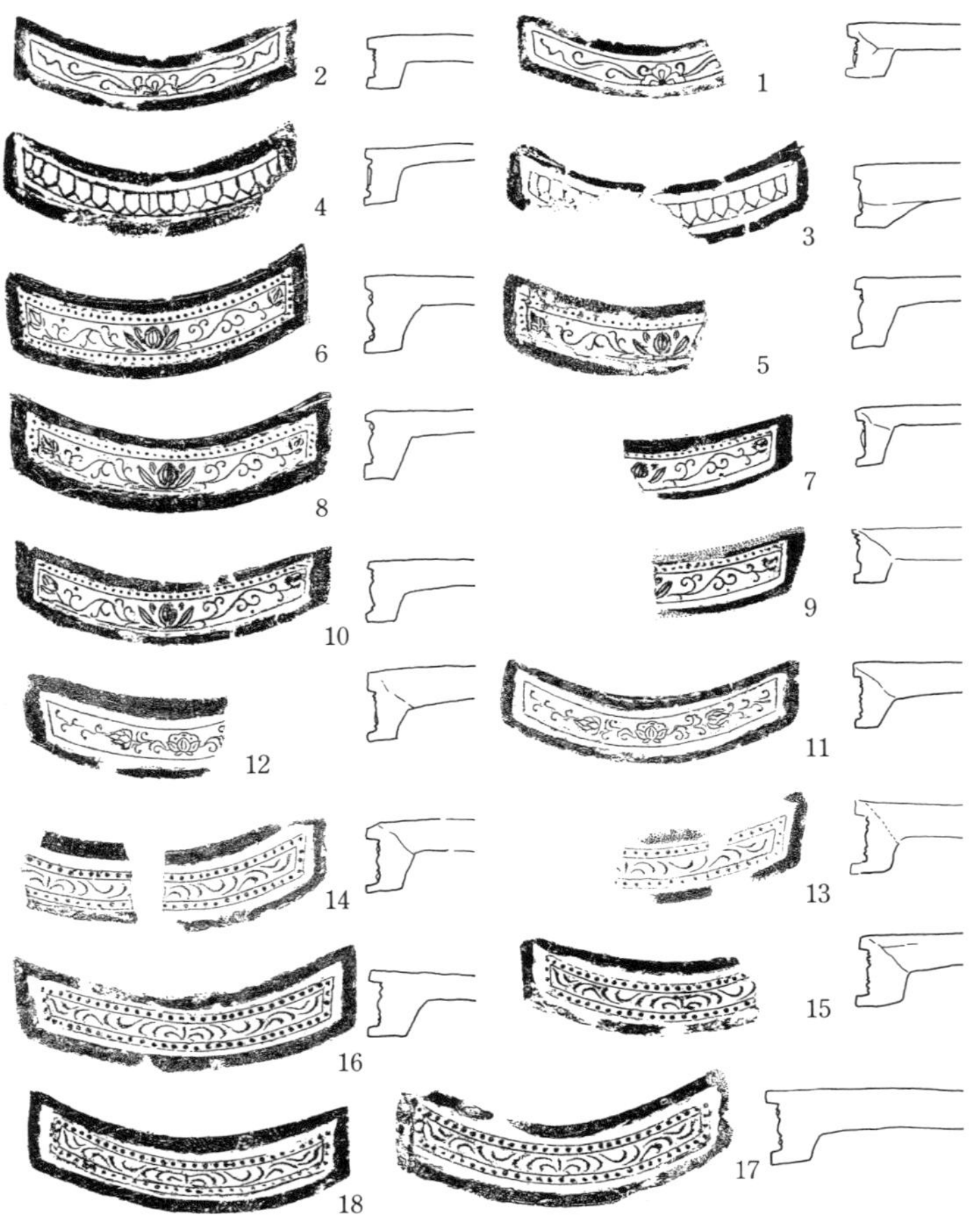

第11図　大和と同笵の軒平瓦(1)（縮尺 1：9）

1 神感寺，2 当麻寺，3 法住寺殿，4・5・6・12 薬師寺，7・9 龍泉寺，8 唐招提寺，10 円教寺，11 須弥寺，13 東福寺，14 西大寺，15 客坊法性寺，16 当麻寺講堂，17 武蓮寺，18 当麻寺本堂

②大和薬師寺・法隆寺出土剣頭文軒平瓦は京都市法住寺殿の軒平瓦と同笵（第11図3・4）。
③大和薬師寺・唐招提寺出土蓮華唐草文軒平瓦は、下外区を切り縮めたものが同二寺で再び使用され、その後脇区を切り縮めたものが大和法隆寺・兵庫県円教寺・大阪府龍泉寺で使用された。
④大和薬師寺出土蓮華唐草文軒平瓦は大阪府須弥寺・獅子窟寺の軒平瓦と同笵（第11図11・12）。
⑤大和元興寺・安倍寺・西大寺・豊浦寺・当麻寺・松尾寺の唐草文軒平瓦は、大阪府客坊法性寺・武蓮寺・神於寺や京都府法勝寺・東福寺出土の軒平瓦と同笵（第11図13〜18）。

中世Ⅲ期の大和の瓦は、地域的な拡大をみせている。

大和瓦の西端は、播磨円教寺の蓮華唐草文軒平瓦であり、大和薬師寺・唐招提寺・河内龍泉寺例と同笵である。これは瓦の移動ではなく、大和の瓦工の播磨・河内での出稼ぎを物語るものである。播磨では、これ以降、摂津・和泉系の瓦と大和系の瓦が地域を越えて併存することになる。また、この中世Ⅲ期には、中世Ⅱ期と同じく大和から京都へ瓦が搬出されたものと思われるが、中世Ⅱ期と異なっているのは、河内での大和瓦の存在が目立ってくることである。すなわち、河内神感寺では大和当麻寺本堂の修理瓦を作った工人が造瓦を行なっているし、河内須弥寺では大和薬師寺の造瓦を行なった工人が須弥寺近隣で造瓦を行なっている。これらは、大和の瓦工の河内での出稼ぎを示すものであるが、一方大和瓦の搬出も行なわれている。すなわち、河内客坊法性寺・和泉武蓮寺・和泉神於寺と大和の諸例とで同笵関係をもつ軒瓦のセットは、大和から河内・和泉へ瓦が運ばれたものである。

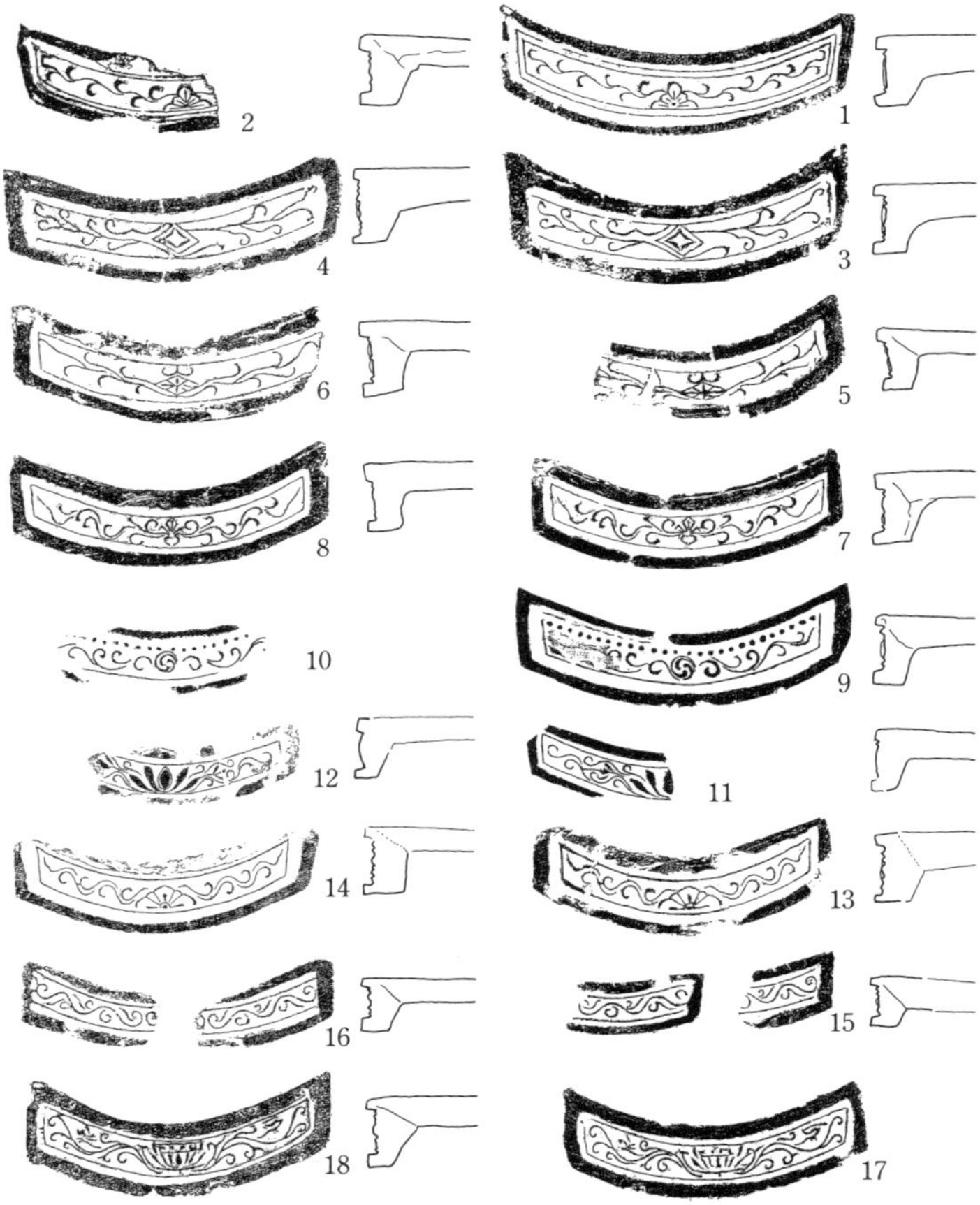

第12図　大和と同笵の軒平瓦(2)（縮尺 1：9）

1・3 浄土寺，2・4・14 大安寺，5 平安京，6 東大寺，7 栢杜遺跡，8・18 法隆寺，9 紀伊国分寺，10 当麻寺，11 根来寺，12・16 西大寺，13・15 宮町遺跡，17 醍醐寺

次に、中世Ⅳ期（一三〇〇～一三三二）の瓦である。
①大和大安寺出土の花菱唐草文軒平瓦は尾道浄土寺の軒平瓦と同笵（第12図1・2）。
②大和大安寺出土の菱形唐草文軒平瓦は尾道浄土寺の軒平瓦と同笵（第12図3・4）。
③大和東大寺出土の菱形唐草文軒平瓦は、平安京出土例と同笵（第12図5・6）。
中世Ⅳ期の大和の瓦は、全体としては数が少ない。しかし、地理的な範囲では、中世Ⅲ期より一段と広い範囲に及んでいる。まず、大和瓦の西端はⅢ期の播磨からⅣ期の備後尾道へと拡張している。すなわち、嘉暦二年（一三二七）の尾道浄土寺本堂再建の軒平瓦二種は、大和大安寺と同笵であり、この時大和の瓦工人が尾道に出稼ぎに来たことを示す。

最後に中世Ⅴ期（一三三二～一三八〇）の瓦である。
①大和法隆寺出土の唐草文軒平瓦は京都府栢杜遺跡・醍醐寺出土軒平瓦と同笵（第12図7・8）。
②大和当麻寺出土の巴唐草文軒平瓦は紀伊国分寺出土軒平瓦と同笵（第12図9・10）。
③大和西大寺出土の蓮華唐草文軒平瓦は紀伊根来寺出土軒平瓦と同笵（第12図11・12）。
④大和西大寺・大安寺出土の二種の唐草文軒平瓦は大阪府八尾市宮町遺跡の瓦と同笵。
⑤大和法隆寺出土の蓮華唐草文軒平瓦は、醍醐寺五重塔の軒平瓦と同笵（第12図17・18）。
⑥大和薬師寺出土の蓮華唐草文軒平瓦は東寺の軒平瓦と同笵。
中世Ⅴ期の近畿地方では、紀ノ川筋に、はじめて大和と同笵の瓦があらわれる。同笵瓦を出土した

根来寺・紀伊国分寺例と大和例については、現物どおしの同笵照合による胎土比較を行なっていないので、瓦が運ばれたのか、出稼ぎなのか厳密には判らないが、おそらく出稼ぎであろう。

京都では、平安京左京八条三坊出土の菱形唐草文軒平瓦（東大寺と同笵で、東大寺例はⅣ期）は、大和の瓦工の京都での出稼ぎと思われ、醍醐寺五重塔の蓮華唐草文軒平瓦（法隆寺と同笵）は、胎土からみて大和から運び込んだものであろう。河内では、八尾市宮町遺跡出土の二種の軒平瓦（西大寺・大安寺と同笵）は、胎土からみて大和から河内へ瓦を運び込んだものであろう。

以上のように大和の瓦工は鎌倉後期から南北朝期にかけて、河内・和泉・山城・紀伊・播磨・備後の地において出稼ぎや瓦搬入を行なっているが、その同笵軒瓦の大和での出土地が薬師寺・唐招提寺・西大寺・大安寺など西の京周辺の寺院と法隆寺に多く、興福寺や東大寺では極めて少ないことに注意しなければならない。すなわち、強大な本所である興福寺などでは本所の意向は強力で、興福寺瓦座に属したため、瓦工は興福寺の要請がある時は必ずその仕事に従事する必要があった。そのため、遠隔地における仕事の拡大についてはより慎重であり、他国への出稼ぎの機会は少なかったものと考えられる。これに対し、数箇所の本所を組み合せて操業し、造瓦能力を高めた西の京・法隆寺周辺に居住する瓦工たちは、中世的な成長をとげ、やがて大和外での出稼ぎも積極的に行なうようになったのである。

五　中世京都と鎌倉の造瓦

京都[14]は中世を通して日本最大の都市であり、経済活動も建築活動も最も頻繁に行なわれた都市であった。しかし、造瓦活動となると、中世日本の造瓦の三大生産地の一つに入るかどうか、微妙になってくるのである。これは多くの瓦が、平安時代後期から中世にかけて、他国産のものが京都に搬入されていることに最大の原因がある。

平安後期における所課国制・造国制の導入による播磨・丹波・讃岐・尾張・大和などの瓦搬入の後も、中世において多量の瓦搬入が行なわれている。まず、一一八五年から一一九七年の東寺の大修造では、文覚に与えられた知行国の制度によって、播磨（兵庫県明石市林崎三本松瓦窯）から、瓦が搬入されている。次に、中世Ⅰ期（一一八〇〜一二一〇）では、京都市常盤仲ノ町遺跡の連珠文軒平瓦と、それと組み合う軒丸瓦は和泉から運ばれている。また中世Ⅱ期（一二一〇〜一二六〇）では、京都市壬生寺および八幡市石清水八幡宮の瓦が和泉から運ばれ、栢杜遺跡および東福寺の瓦が大和から運ばれている。鎌倉時代前半は、和泉産瓦の京都への搬入が目立っている（第13図）。

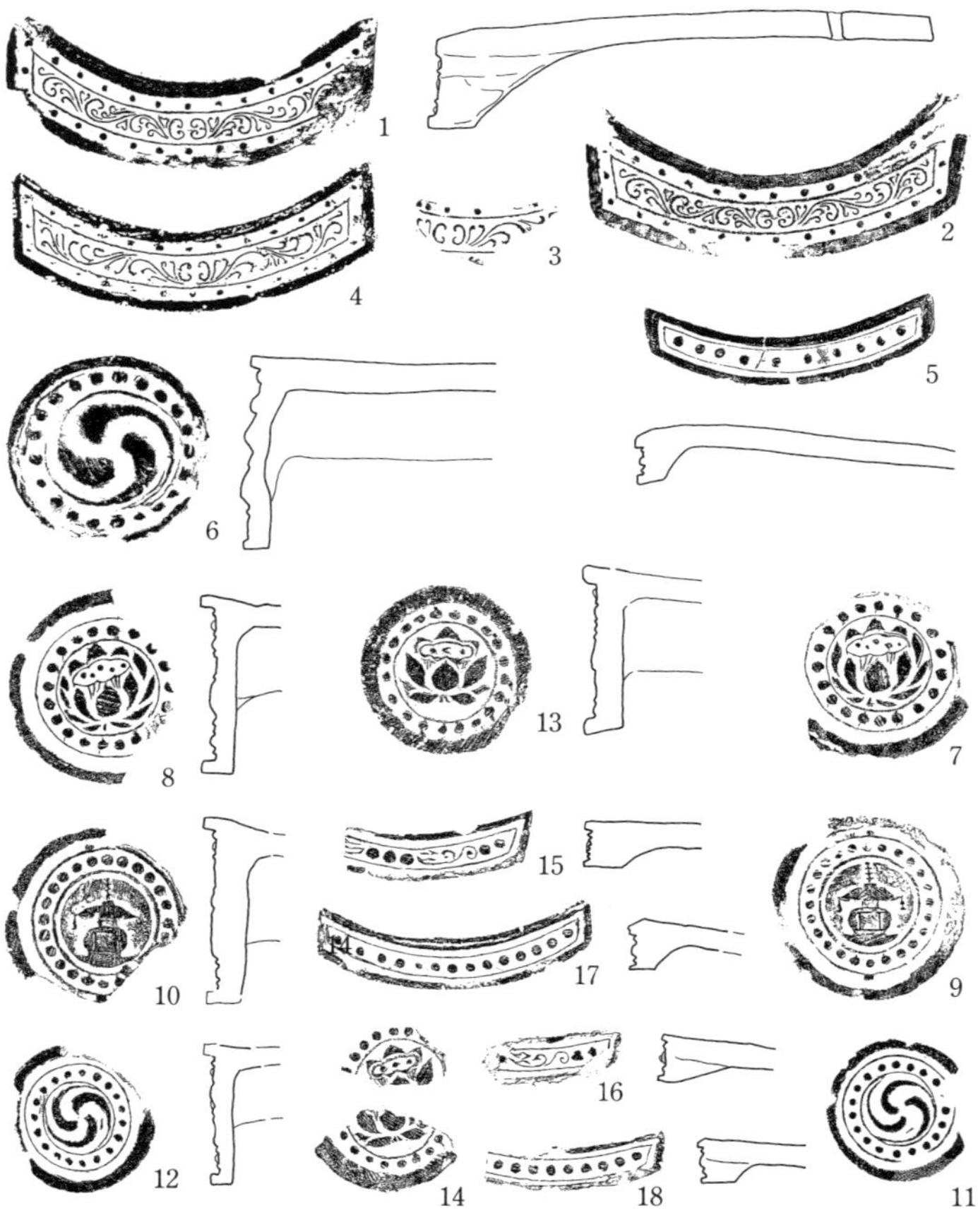

第13図 京都への搬入瓦と在地の瓦（縮尺 1：9）

1・2 東寺, 3・4 三本松瓦窯, 5・6 常盤仲ノ町遺跡, 7 家原寺町遺跡, 8・10・12 壬生寺, 9・11 新金岡更池遺跡, 13・15・17 石清水八幡, 14 檀波羅密寺, 16・18 向泉寺

次に、中世初期に京都で製作された瓦について述べよう。

平安後期の京都産の瓦は、「中央官衙系」と呼ばれる軒平瓦で、その製作技法は「半折曲式」から「折曲式」に変化するもので、「完成した段階の折り曲げ造り」の軒平瓦の年代は、上原真人氏によると十二世紀後半から十三世紀初頭の年代である。この後、この系列の軒平瓦は、常盤仲ノ町遺跡の瓦群、さらに年代を経て、大覚寺御所跡瓦群へ変化し、前者が十三世紀前半の年代、後者が十三世紀中葉から後期初頭に位置付けられる（第14図1〜8）。

これらの古代末期から中世初期に京都で製作された瓦は、全体に小振りの瓦であり、公家屋敷や寺院・神社の小型建物用の瓦として製作され、大型建物用の瓦は最初から京都外の生産地から搬入している。このような中世初頭の京都の瓦生産は、天皇家を頂点とする公家および東寺・大覚寺・八坂神社などの本所領家の勢力下に身を寄せていた瓦工人なので、これらの勢力の経済的実力が衰退すると、恒常的な瓦生産が維持できなくなり、完成した段階の折り曲げ式軒平瓦は、京都から消失することになる。

そして、鎌倉時代後半では、主として和泉産と大和産の瓦が搬入されることになる。この時期にも、京都で製作された瓦はあっただろうが、あまり目立ったものではなく、東寺や東福寺出土例からみると軒平瓦は「瓦当貼り付け」によって製作されており、大和からの造瓦法の影響を受けて成立した小規模な瓦屋があったことが想定できる。

南北朝期になると、足利氏による幕府開設があり、建築活動も次第に活気をおびてくる。しかし、この時期の瓦としては、臨川寺出土例、天龍寺出土例の一部などが実見できるにすぎず、瓦資料の増加を待たなければ、この時期の京都の瓦工の状態は判明しない。少なくとも、軒平瓦をみると、引き続き「瓦当貼り付け」で製作されている（第14図9〜13）。

そして、足利義満による相国寺・鹿苑寺造営の瓦は、京都独自の文様を保っており、京都の瓦が関東に大きな影響を与えるほどに瓦工組織も成長しているとみられる。すなわち、両寺の軒平瓦は、中央の菊花弁を輪郭線で表現するものがほとんどで、左右に唐草文を配する。この文様のパターンは、関東の諸例では、相国寺・鹿苑寺例と同一である。特に、栃木県足利市法界寺・鑁阿寺の軒平瓦は技法的にも同一であり、それは法界寺Ⅲ期における京都から足利への瓦工の移動を示すものと考えられる（第14図14〜22）。

しかし京都における中世瓦工の成長は、それ以上に進展することはなかった。一四六七年から一四七七年にかけての応仁の乱は、京都を主戦場とし、京都を焼亡させた。武家・公家の館をはじめ一般民家など焼失するものの数が三万余に及んだといわれている。さらにその後の山城国一揆や下剋上の動きは京都の建築活動を阻害し、義満の頃から成長しはじめていた京都瓦大工の発展を中断させた。小規模経営の瓦屋は京都に散在していたであろうが、結局、中世京都における有力で持続的な瓦大工の発展は、強力な足利将軍の在位中にしか存在しなかったのであろう。

第14図　京都で製作された瓦と足利の瓦（縮尺 1：9）

1 平安宮真言院，2 尊勝寺，3～6 常盤仲ノ町遺跡，7・8 大覚寺御所跡，9・10 天龍寺，11～13 臨川寺，14～17 足利法界寺，18・21・22 相国寺，19・20 鹿苑寺

鎌倉は源氏によって開かれた新しい政治都市であり、鎌倉時代後半には京都につぐ大都市となっていたが、そこに住む人々は将軍・執権以下幕府の重臣であり、さらに御家人や有力な守護が居住していた。これらの人々は、それぞれ各地に荘園をもつ荘園領主であり、領主層の需要は在地での経済活動でまかなうことが多く、領主から在地への直接指示であったために、鎌倉内や隣接地での手工業生産がなかなか進展しなかった。そのため、鎌倉内での造瓦も、また遅れることになった。[15]

以下では鎌倉で使用された瓦はどのように調達されたかみていこう。

まず、源氏の氏神をまつり宗教機能の中心である鶴岡八幡宮の造営は養和元年（一一八一）であるが、建久三年（一一九二）の鎌倉大火で大部分を焼失した後、直ちに再建している。鶴岡八幡宮出土の瓦の中で最も古いグループには、顎貼り付け技法の剣頭文軒平瓦と折り曲げ技法の剣頭文軒平瓦との二者があるが、前者が創建時の瓦、後者が鎌倉大火後の再建瓦である可能性が高い。前者の顎貼り付け技法の剣頭文軒平瓦（第15図2・3）は、全国でもその出土は多くなく、山城石清水八幡宮で出土しているのは参考になる。『吾妻鏡』には、源頼義が前九年の役の戦勝記念に由比ヶ浜に石清水八幡宮を勧請したとの記述があるが、古来からの先祖ゆかりの地という事情で当時も相互に関係があり、石清水八幡宮と関連する瓦群を鎌倉にまず導入したのではないか、と考えられるのである。

そして、建久三年の鎌倉大火後の再建時では、京都の文化的諸要素を積極的に鎌倉に導入する情勢は整っていた。造瓦においても、鶴岡八幡宮の折り曲げ式剣頭文軒平瓦の導入があり、さらに源頼朝

第15図　初期の鎌倉の軒瓦（縮尺 1：9）

1～6 鶴岡八幡宮，7 常盤仲ノ町遺跡，8 法住寺殿，9・10 法華堂，11～16 永福寺，17 大久保山遺跡

による持仏堂の本格的造営時（一一九五年）には、京都の法住寺殿所用瓦に酷似する文様の瓦を京都から搬入（第15図8・10）しており、また奥州の藤原泰衡の追討祈願に、伊豆北条で北条時政を造寺奉行として造営させた願成就院の軒平瓦も、また京都式の折り曲げ式軒平瓦となっている。

一方、中世関東における最大の大伽藍である永福寺は、文治五年（一一八九）に造営を開始し、建久三年に二階堂、建久四年に阿弥陀堂、建久五年に薬師堂が完成し、その後、中門・複廊などの造営が行なわれた。永福寺創建期の軒瓦は、複弁八弁の蓮華文軒丸瓦と中央花文の均整唐草文軒平瓦の組み合せで、軒丸瓦は七種、軒平瓦は八種の笵型が確認できる。これらの瓦の製作地は必ずしも明らかではないが、寛元・宝治年間（一二四三〜一二四九）の永福寺の修理瓦が埼玉県美里町の水殿瓦窯産であることや、軒平瓦一種（F種と番号付けしたもの）の同笵瓦が高崎市浜川来迎寺遺跡・本庄市大久保山遺跡から出土している（これらは笵の切り縮めが行なわれており、時期的に降る）ことから、この周辺に造瓦所の存在が推測できる。これら永福寺の軒平瓦のうち、Ba・Bb・Eaは顎貼り付け技法で作られ、Ab・Hb・Kは折り曲げ技法で作られているが、他種の技法は明らかになっていない。これらの製作地が小さく二つの製作場所に分れるのか、一つの製作場所での時期的な差かは判らないが、文様および最終仕上げは類似したものとなっており、造瓦に際しての統一性は認められるのであり、多量製作が可能な造瓦組織を作り、水運（荒川か）によって、鎌倉まで瓦を運び込んだものと考えられる。

なお、鎌倉には、名古屋市の尾張八事裏山窯産の瓦が運び込まれ、また伊豆産の瓦も運び込まれているが、全体としてまとまった量の出土はなく、ここでは省略する。

次に鎌倉極楽寺の瓦について述べよう（第16図）。鎌倉極楽寺は鎌倉幕府の連署であった北条重時が極楽寺殿と呼ばれて寺の開基とされ、また大和出身の律僧で関東に下向し鎌倉に長期在住した忍性を開山としている。

鎌倉極楽寺の瓦は、現在の極楽寺本堂の北西約七〇《メートル》の推定方丈華厳院址周辺で出土した瓦と、本堂西南約二五〇《メートル》の江ノ電車庫調査地で出土した瓦とがある。北条重時が出家したのは一二五六年であるが、推定方丈華厳院址周辺ではその年代以降の瓦が出土し、一方江ノ電車庫調査地ではそれを大きく遡ぼる瓦が出土している。瓦の年代を細分すると、一・二・三・四期に分けることができる。

一期（十二世紀）の瓦は、江ノ電車庫調査地で出土した蓮華文軒丸瓦二種で、それは大阪四天王寺出土の軒丸瓦と同笵の瓦、および法勝寺出土の軒丸瓦と酷似した文様の瓦である。極楽寺の起源について、この瓦の年代まで遡って記述しているのは「極楽寺由緒沿革書」であり、永久年間（一一一三〜一一一八）に勝覚という僧が深沢の里で丈六の阿弥陀仏を造って寺を始めたという。二点の軒丸瓦が厳密に永久年間と言い切れる保証はないが、十二世紀の年代として間違いないだろう。

次に二期（十三世紀前半）の瓦は、江ノ電車庫調査地で出土した側面蓮華文軒丸瓦一種、右巻巴文軒丸瓦一種および連珠文軒平瓦の組み合せである。側面蓮華文軒丸瓦は、横須賀市近殿神社・京都市壬生寺・堺市家原寺町遺跡・河内若江寺と同笵であり、右巻巴文軒丸瓦は横須賀市近殿神社・岸和田市

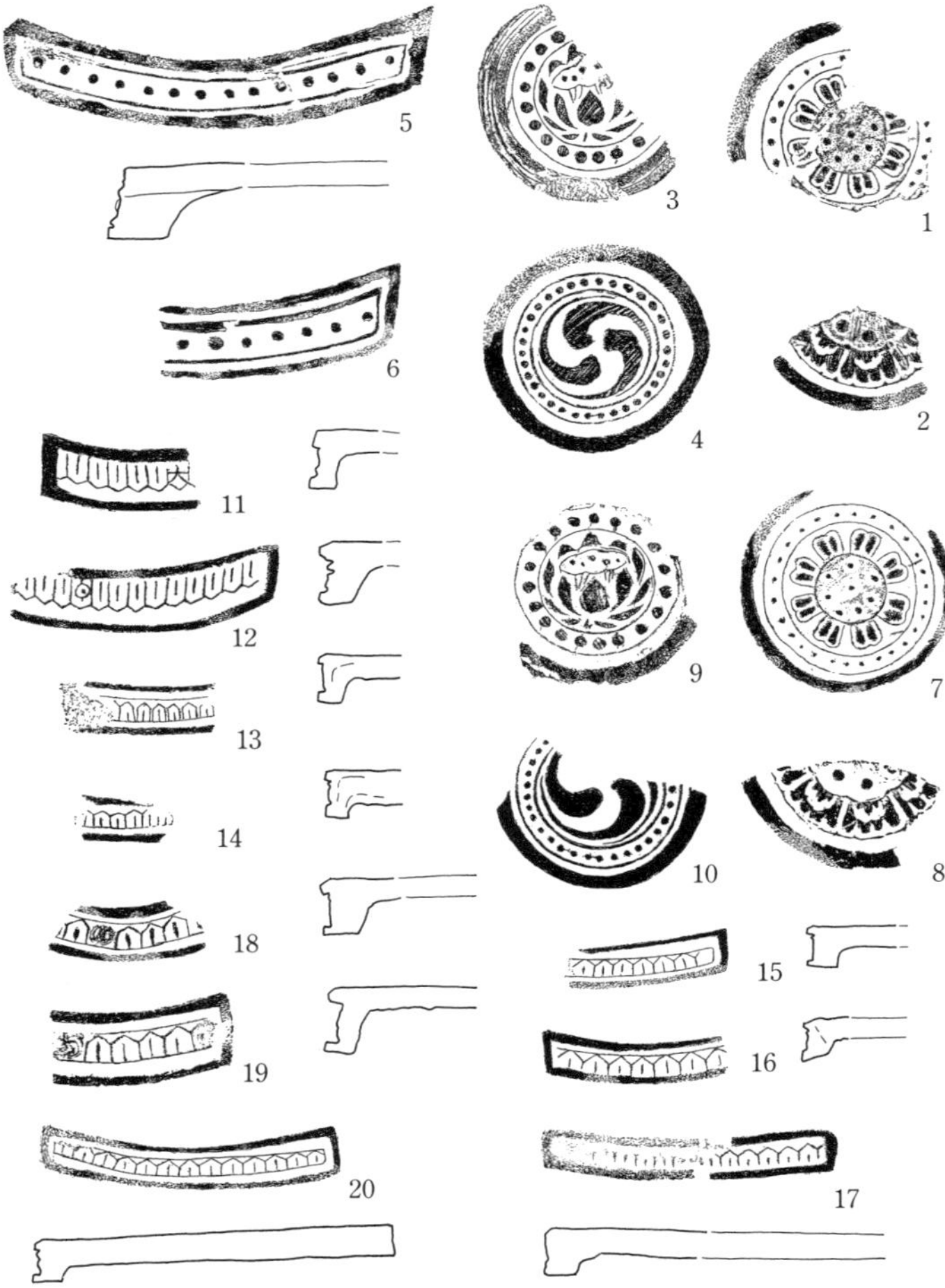

第16図　鎌倉極楽寺の軒瓦（縮尺 1：8）

1～6・11～20 鎌倉極楽寺，7 四天王寺，8 法勝寺，9 家原寺町遺跡，10 神於寺

神於寺と同笵である（第16図3・4・9・10）。

この時期の瓦のもつ意味を考える上で参考になるのは近殿神社である。近殿神社の地は、鎌倉御家人三浦氏の本拠地であり、宝治元年（一二四七）の戦いによって、三浦一門は北条氏によって滅ぼされる。近殿神社は『新編相模国風土記稿』には、「三浦駿河守義村の霊を祀る」とあり、三浦義村ときわめて密接な関係をもつことは間違いない。三浦義村の全盛期は、父義澄の没した正治二年（一二〇〇）以降、自らが没する延応元年（一二三九）までである。三浦氏はこの時期に、本拠地相模の他、河内・和泉・紀伊等の守護職を帯していた。三浦義村が河内の正守護職にあったことが、これらの和泉・河内産瓦を三浦半島へ運ばせ、自らの寺院（義村の持仏堂か）に瓦を葺かせることになった理由であろう。

それでは北条氏と関係が深いと考えられる極楽寺から近殿神社と同笵の瓦が出土することをどのように考えたらよいだろうか。三浦一族と北条一族が最も接近した時期は、一二二〇年代のことである。すなわち、貞応元年（一二二二）には重時の父である北条義時が三浦に遊び、三浦義村が美を尽くしてもてなし、翌年には義時が義村の請われるままに、義村の田村別荘に赴いている。この時に、北条重時の最初の妻である「苅田平衛門入道女」の父親（苅田義季）も、義時と共に田村別荘に出かけている。重時の結婚がこの時（重時は二十六歳）まで遡るかは厳密には不明だが、二人の子供の為時は「物狂《ものぐるい》」であり、妻が「入道女」で「荏柄尼西妙」で早くから尼となっているのは、子供の病気と無関係ではないように思える。おそらく、この頃すでに重時の持仏堂というものが作られて、その際三浦義村の采配によって、河内・和泉から鎌倉への瓦の搬入が行なわれたと考えてよいだろう。あるいは、この年代の持仏堂が「極楽寺縁起」にいう正永和尚が丈六の阿弥陀像をまつった極楽寺である可能性が高いだろう。

三期（一二六〇年頃）の瓦（第16図11〜14）は、推定方丈華厳院址周辺で出土した左巻巴文軒丸瓦と剣頭文軒平瓦の組み合せで、剣頭文には上向きと下向きの両方がある。この時期の軒平瓦は瓦当貼り付け技法へ移行する時期の姿を示している。

「極楽寺縁起」によると、重時は正永和尚が建てた極楽寺の移転・修造を志し、正元元年（一二五九）忍性を招いて新たに寺地を探さしめ、今の極楽寺の位置に堂塔を造営し、文応元年（一二六〇）には早くも竣功をみたという。一方、桃裕行氏は「極楽寺多宝塔供養願文」には重時邸を極楽寺としたのは重時没後のこととしていることから、「何時の頃か寺の草創・堂塔の造営を実際の年代よりも遡らせて重時生前のこと」としてしまったと解している。両説いずれにしても、その年代の差は二〜三年であって、ほぼ一二六〇年前後に現位置での極楽寺が造立されたのであり、その時の瓦が上述の左巻巴文軒丸瓦と剣頭文軒平瓦の組み合せであった。この瓦の組み合せに類似した資料は、六浦称名寺や埼玉県朝霞市永川神社で出土しているが、他の埼玉県例はまだ知られていない。しかし、武蔵の瓦は鎌倉・六浦と同じく、下向きの剣頭文軒平瓦で折り曲げ作りという共通性があり、鎌倉極楽寺や称名寺の瓦が東京都下あるいは埼玉県下で生産された可能性は若干残っており、鎌倉で製作されたと断言できない状態にある。ただ生産地は鎌倉でなくても、その周辺にあることは間違いないと思われ、重時は連署時代には和泉守護であり、和泉から瓦を搬入することもできたが、この頃以降の鎌倉の瓦は遠隔地から運ぶことが全くなくなっている。ここに、鎌倉周辺地における瓦生産の進展を読みとることができよう。

四期（十三世紀後半）の瓦としては、剣頭文と巴文を組み合わせた軒丸瓦・軒平瓦が弘安（一二七八～一二八八）の年代にあると考えられ、正応・永仁年間（一二八八～一二九九）の軒平瓦としては、上向き剣頭文で上外区に一条の圏線あるものをあげたい（第16図15～20）。この時期の鎌倉の剣頭文軒平瓦は六浦の称名寺の剣頭文軒平瓦と共に瓦当貼り付けで製作されており、埼玉県下の同時期の剣頭文軒平瓦の折り曲げ作りと異なり、剣頭文の文様にも細部で異なった特徴が生じてきている。これは、鎌倉や六浦の地において、確実に瓦生産が開始され、行なわれていることを物語るものである。つまり鎌倉・六浦の瓦工集団はそれ以前の武蔵国の瓦工集団が母体となって派生した鎌倉一派ともいうべき瓦工集団であり、この段階ではじめて鎌倉に組織的な瓦生産体制が成立したといえるだろう。

このように鎌倉内またはその隣接地で造瓦をはじめた鎌倉の瓦工達は、その後の鎌倉幕府の滅亡によって衰退してしまった。そして、室町時代には室町幕府の関東管領の所在地となり、この頃の瓦が荏柄天神社などでみられるが、享徳四年（一四五五）に管領の足利成氏が下総古河に移って以降は、中世瓦は全くみることができなくなってしまった。

六　中世和泉の造瓦

中世和泉の瓦[16]は多量に京都に搬入され、また鎌倉でも使用されている。そして、それは他国へ搬出するための生産地であるという以上に、在地における寺院へ瓦を供給したのであり、この時期の和泉の寺院の多さと、その造営に必要なものを在地で生産する手工業生産の発達に注意する必要がある。そして、それを強力に進めた原動力は、和泉国大鳥郡と和泉郡に所在する一条家・九条家などの公家領荘園と、石清水八幡宮・北野天満宮などの社領荘園の存在であろう。京都での荘園領主は必要な製品を和泉の荘園に直接指示して運ばせたのであり、そこに和泉の造瓦が日本の中世瓦の重要な一本の柱として成長するきっかけがあったのだと考えられる。そして、南北朝の頃から堺港を中心とする商人の活躍によって堺の繁栄が築かれ、やがて海外貿易の拠点として、更なる富の蓄積がなされたのである。

和泉の瓦工の動きを示す文字資料として河内・備前の資料がある。

河内客坊廃寺（東大阪市）では、複子葉単弁蓮華文軒丸瓦の丸瓦部に、「□□□□癸卯三月九日第□、

□□□枚平五千枚、□□□二十枚櫓二百二十□、□□円定房瓦大工藤□、□□□大鳥郡貞行字真□」のヘラ書きを残す。癸卯は、寿永二年（一一八三）と寛元元年（一二四三）の二つの年号が考えられるが、前者の年代を考える論考が多い。出土軒丸瓦の胎土には、生駒西麓産の焼き物にみられる黒雲母粒が観察でき、和泉国大鳥郡瓦大工藤原貞行による客坊廃寺近辺での造瓦と考えられる。

次に備前堂応寺地蔵堂跡（真備町）では、丸瓦に、「元亨二年壬戌八月日作、備中国薗荘東▯、導応寺地蔵堂瓦▯、瓦大工和泉国行▯」の拓本が『岡山県金石史』に記載されている。これも、備前国での和泉国瓦大工の出稼ぎを示すものと考えられる（一三二二年）。

以下では、文字資料はないが、各地出土の瓦を通して、和泉系瓦の拡散について概観しておきたい。

平安時代後期

平安末期に大阪府八尾市大竹の向山瓦窯産の瓦が平等院のほか、平安京へ運ばれている。それは、平安京出土の河内産搬入瓦である。次に、五輪塔文軒丸瓦は京都法勝寺出土と同笵例が、堺市南三国丘町向泉寺跡・堺市豊田小谷城・大阪市平野区喜連東遺跡など和泉・河内で出土しており、この瓦は堺市域の中に生産地があるのではないかと思われる。宝塔文軒丸瓦については、河内産とともに和泉産のものがあり、和泉産の瓦の大部分は和泉国内で使用されたようだが、和泉海会寺と同笵のものは京都仁和寺で出土している。

したがって、中世Ⅰ期以前において、和泉から平安京へ瓦が搬入されたのは、五輪塔文軒丸瓦と宝塔文軒丸瓦であったとみてよいであろう。

中世Ⅰ期（一一八〇～一二二〇）

中世Ⅰ期における和泉産瓦の京都搬入を示す例は、京都市常盤仲ノ町出土の巴文軒丸瓦・単弁六弁軒丸瓦と連珠文軒平瓦である。単弁六弁軒丸瓦は和泉国分寺や地蔵堂廃寺出土例と同笵である。また、山城石清水八幡宮出土の連珠唐草文軒平瓦は、堺市向泉寺出土軒平瓦と文様が酷似し、製作技法からみても和泉産であろう。一方、和泉にごく近い河内国内（松原市天美西）に所在する大和川今池遺跡出土瓦は、蓮華文軒丸瓦と同笵のものが平安京八条三坊で、巴文軒丸瓦との同笵品が川西市満願寺（摂津）で出土している。

なお、この時期の河内客坊廃寺のヘラ書き瓦については先述した。そして、この時期の鎌倉へ搬入された瓦で、確実に和泉産といえるものはないが、鎌倉極楽寺前身寺院では、摂津四天王寺と同笵の軒丸瓦が出土している。これは、摂津または和泉から鎌倉まで搬入された瓦であることを示している。

中世Ⅱ期（一二二〇～一二六〇）

中世Ⅱ期における和泉系瓦は鎌倉大慈寺・武蔵真慈悲寺・常陸前峯廃寺など関東各地にみられるが、以下では直接的な関係を示す同笵例についてのみ述べよう。

中世Ⅱ期を代表する和泉産瓦は京都壬生寺出土の軒瓦である。すなわち、壬生寺出土の側面蓮華文軒丸瓦・宝塔文軒丸瓦・三巴右巻軒丸瓦・連珠文軒平瓦は、堺市家原寺町遺跡・京都壬生寺のほか、鎌倉市極楽寺前身寺院・横須賀市近殿神社遺跡へ供給され、C種は泉佐野市檀波羅密寺のほか、京都府八幡市石清水八幡宮・和歌山県広川町広八幡神社楼門へ供給されている。また、堺市向泉寺出土の連珠文軒平瓦は、八幡市石清水八幡宮出土例と同笵であり、これらの中世Ⅱ期の和泉産瓦が相当数、石清水八幡宮に運ばれていることを知るのである。このように、京都およびその周辺に運ばれた和泉産瓦は、一方では、関東の鎌倉や御家人三浦一族の拠点大矢部にも運ばれている。

中世Ⅲ期・Ⅳ期（一二六〇〜一三三三）

この時期の大和産瓦および京都・鎌倉産の軒平瓦は、瓦当貼り付け式に変化しているが、和泉産瓦では中世を通じて顎貼り付け式が続いており、中世の期間の中で大きな変化はない。これが和泉産瓦の最大の特徴である。

この時期の和泉瓦の各地への搬出および出稼ぎについては、少ない情報しか得ることができない。一つは、先述した備前堂応寺地蔵堂跡出土のヘラ書き瓦（一三三一年）の出稼ぎ例があり、他に紀伊・播磨での出土瓦をあげることができる。紀伊では、円比都比売神社の軒平瓦は、大阪府泉佐野市檀波羅密寺出土の軒平瓦と同笵であり、また田辺市の高尾山廃寺出土の軒瓦の組み合せも、大阪府貝塚市地蔵堂廃寺の組み合せと酷似する。

一方播磨においては、この時期に「瓦当貼り付け」式の軒平瓦のグループと「顎貼り付け」式の軒平瓦のグループとが併存しており、後者は摂津・和泉との関係が深いと考えられる。この播磨の後者のグループは、現時点で和泉と直接の関係を示す決定的な資料はないが、兵庫県三木市高男寺廃寺出土軒平瓦と大阪府岸和田市廃法輪寺出土軒平瓦とを比較すると文様・製作技法ともに類似していることから、両者間のつながりは充分考えられる。

中世Ⅴ期（一三三三〜一三八〇）

この時期の和泉産の軒平瓦は、もちろん顎貼り付け式であるが、軒平瓦の顎形態の直角化が生じている点が特徴である。和泉出土例で良好な一括資料はないので、播磨の貞和二年（一三四六）の高男寺廃寺例と、紀伊の天授四年（一三七八）の道成寺本堂例について述べよう。

三木市高男寺廃寺の出土瓦は、三巴左巻軒丸瓦と文字文軒平瓦の組み合せが最も多く出土し、軒平瓦には瓦当に「貞和二季卯月二日大工藤原光貞作」とあり（第17図3・4）、一三四六年製作の笵型であることがわかる。顎貼り付け式軒平瓦で、瓦当裏面はヨコナデ調整によって仕上げる。この遺跡で多量に出土する丸瓦の吊り紐も一三四〇年代のものであることを示す。

和歌山県日高郡川辺町の道成寺本堂は[17]、鬼瓦に天授四年のヘラ書きがある（第17図7）ので、瓦の製作は天授年間と考えられている。創建軒平瓦は連珠文軒平瓦で、製作は明瞭な顎貼り付けで行なっており、顎部後縁に面取りがある。鬼瓦は、中央に中空の鬼面を盛り上げるもので、尖った角を三個作り出す。中空の鬼面をつくる点では最古のものだが、頭部上端に粘土板を置いて閉じている点や三本の角がある点では古式の様相を残す。鬼瓦の他に天授年間と考えられる丸瓦のヘラ書きに人名を記す

第17図　和泉などの瓦（縮尺 7は1：19，他は1：9）

1・2　地蔵堂廃寺，3・4　高男寺廃寺，5　菱木下遺跡，6　西戸丸山遺跡，7　道成寺本堂，8・9　太山寺，10・11　如意寺

ものが二点あり、それは「大工藤並宗妙　小工同太夫二郎　小工広住侶彦大郎」と「彦大夫　広住侶是助作」である。すなわち瓦大工は紀伊湯浅氏族の藤並一族である大工藤並宗妙で、小工には子か弟と推定される藤並太夫二郎と広に住む瓦仲間の彦大郎であり、また他の丸瓦では、広に住む瓦仲間の彦大夫と称する是助が瓦作りを行なったことを示している。広および藤並は道成寺から北へ一二〜一六キロの位置に所在しており、藤並の大工・小工二人と広の小工二人を中心として（おそらく道成寺近傍で）造瓦を行ない、他に数名で、計一〇名前後の人数によって作られたと考えられる。作った瓦の数は「已上三万五千百六十六打作立之」（丸瓦）と記されている。

この中世Ⅴ期における和泉系瓦工は、関東へ積極的に進出したように思われ、それは武蔵国の慈光寺出土瓦の製作技法、そして埼玉県毛呂山町西戸丸山遺跡出土軒平瓦と大阪府堺市菱木下遺跡出土軒平瓦との同笵瓦（第17図5・6）の存在によって知ることができる。

中世Ⅵ期（一三八〇〜一四三〇）

この時期の和泉の軒平瓦は、波状文軒平瓦と唐草文軒平瓦の二つの文様を併存して使用している。波状文軒平瓦は、波の文様を瓦当面全体に配したもので、菊文と波文を組み合せた大和の菊水文軒平瓦とは異なるものである。波状文軒平瓦の最古のものは、播磨鶴林寺本堂・太山寺例（第17図9）のように大きな九個からなる波の単位内の四本の波の皺が、微妙に相互に連続するかのごとく、離れるかのごとく巧妙に作られているものである。そして鶴林寺本堂では応永四年（一三九七）の棟札があり、古式の波状文軒平瓦の年代が判明する。そして十五世紀代の波状文軒平瓦は、内区波状文の外縁に一重の区画線をもち、波状文は隣り合う波の皺が上向き・下向きであるかのごとく連続して流れるのを特徴とする。一方、十六世紀代の波状文軒平瓦は、文様の外縁に区画線はなく、波の形も上向きの波のみの、波の左右への重なりを特徴としている。

和泉での波状文軒平瓦の出現は、播磨より若干遅れるかもしれないが、岸和田市兵主廃寺例は中世Ⅵ期の古式のものであり、また十五世紀代のものは日置荘遺跡で出土している。

一方、唐草文軒平瓦は、和泉では貝塚市地蔵堂廃寺例、播磨では神戸市如意寺例（第17図11）がある。至徳二年（一三八五）頃の如意寺例と文様が類似する軒平瓦が、淡路島では一五三〇年代に復活することになる。

なお、中世Ⅶ期（一四三〇〜一四九〇）、中世Ⅷ期（一四九〇〜一五七五）の和泉瓦については、Ⅱにおける「三　四天王寺住人瓦大工」の章で述べよう。

Ⅱ　中世的瓦大工の時代

一　大和の瓦大工橘氏

1　正重と国重

大和の瓦大工橘氏の歴代をみると、正重―国重―初代吉重―二代吉重―吉重の系統をあげることができる。

正重は唐招提寺金堂東方鴟尾の腹部に、大きな文字でヘラ書きを残す。

此堂元亨三年癸亥春三箇月之間
成上葺畢以此次同六月侯西方鮪
作賛之作者寿王三郎大夫正重

元亨三年（一三二三）に、正重が奈良時代末の西方の鴟尾を忠実に模作して、東方の鴟尾を製作したことがわかる。この正重は『法隆寺別当記』憲信僧正の条の「元弘二年壬申二月廿四日。蓮光院地蔵

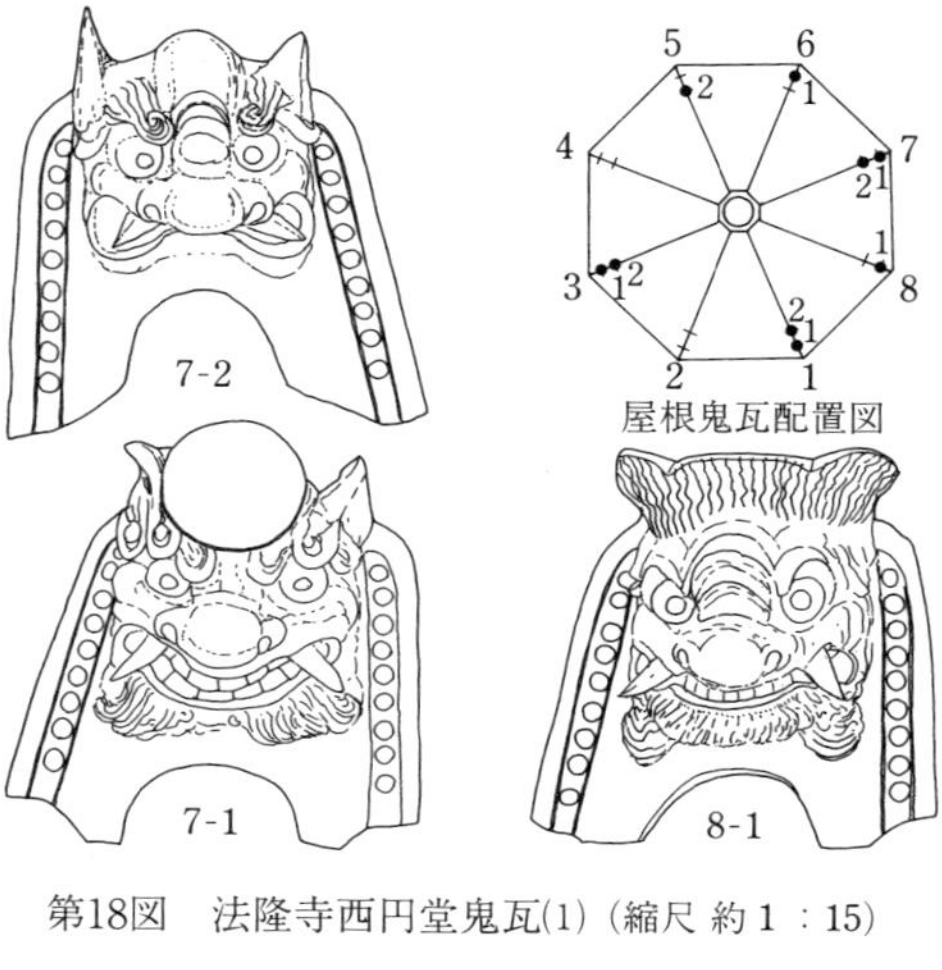

第18図　法隆寺西円堂鬼瓦(1)（縮尺 約1：15）

堂供養在之。施主瓦大工三郎大夫」（一三三二年）と同一人物と考えられている。

一方、橘国重は永徳三年（一三八三）三月日の上宮王院の棟札墨書[12]に、九人の工と共に大工として記されている。

　　　　　　　友実　政実　友貞
瓦工　大工橘国重　吉実　衛門三郎　孫太郎
　　　　　　　政氏　衛門太郎　御坊五郎

そして、橘国重については応永五年（一三九八）三月五日の西円堂棟札墨書[12]に瓦葺衆として七名の名が記されている。

大工国重
権大工吉重
御房五郎　助太郎
彦三郎　次郎
観音太郎

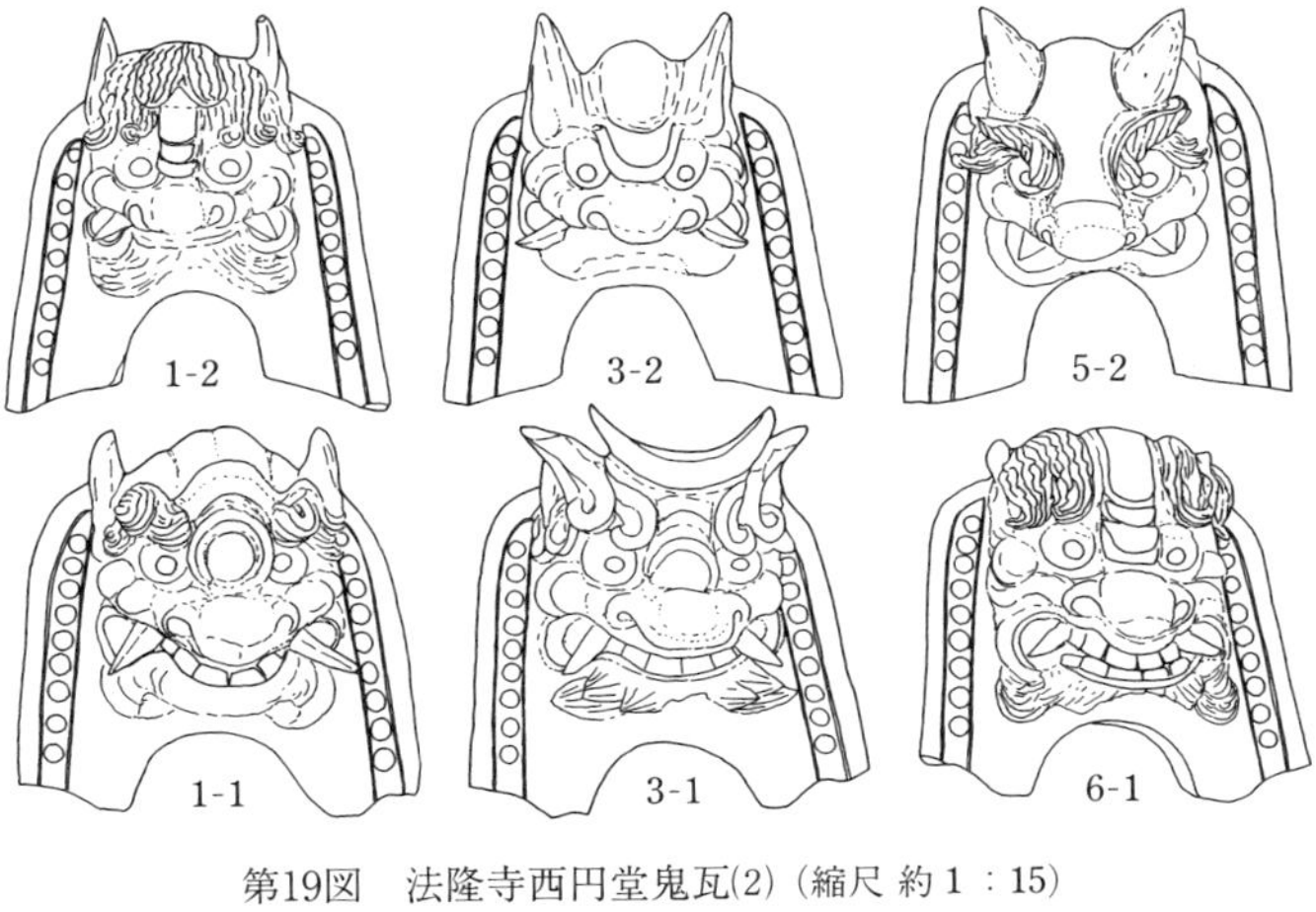

第19図　法隆寺西円堂鬼瓦(2)（縮尺 約 1：15）

これをみると、永徳三年と応永五年との間に一五年の開きはあるが、両棟札に共通する名は国重と御坊五郎であり、永徳の棟札では御坊五郎は最下位（最年少か）であると考えられるが、応永の棟札では国重の子で大工職を継ぐことが決まっている吉重を除けば、御房五郎が工の中では最上位（最年長か）に位置している。これは永徳三年の棟札に記された友実以下衛門太郎までの八名が、すべて一五年後には国重のもとを離れて、別の場所で造瓦を行なっていることを想定させる。

また、この二つの棟札にみられる人名を併せて考えると、複数の血縁グループによって構成される工人集団であることが推測される。例えば、友実・政実・吉実は実を下字とする血縁グループ出身、衛門三郎・衛門太郎は衛門を上字とする血縁グループ出身、孫太郎・助太郎・観音太郎は太郎を下字とする血縁グループ出身などと、推測される。

これを後に永享十年（一四三八）に吉重の元で造瓦に参加した工人名と比較すると、後者では、五郎を下字とする血縁グループ出身と三郎を下字とする血縁グループ出身が目立ち、さらに、大永四年（一五二四）に推定五代目吉重の元で造瓦に参加した工人名では三郎を下字とする血縁グループ出身、次郎を下字とする血縁グループが目立つようになるが、国重の時と吉重の時とでは、工人名に相当な違いが生じていることは明瞭である。おそらく、国重の末期から初代吉重の初期の頃がその入れ換えが最も激しく、それは瓦工橘氏系統の各地への進出と無関係ではないだろう。

次に国重の没年について述べよう。

国重のヘラ書き、または花押を残す瓦で確認できる最後のものは、応永十一年（一四〇四）四月銘の五重塔の鬼瓦である。(18)「ヒコ次郎大工ノトシワコノトキワ廿八ニナルナリ」と記すことから応永十二年と考えられる大講堂の鬼瓦には「コノトシワ三郎大夫殿フクノハテナリ」とあり、この年は三郎大夫殿の忌服《きぶく》の果て、すなわち喪明けで、一周忌が済んだものと考えられる。そして、大講堂の鬼瓦に応永十二年五月二十五日の彦次郎の製品を残すから、国重は応永十一年四月から五月二十五日以前に死亡したことになる。また、「瓦大工ヒコ次郎トシ廿九ニマカリナル」と記すことから応永十三年と考えられる聖霊院の鬼瓦には、「三郎トノヲアリ大三子ニアタル」、すなわち「三郎殿終リ、大三子ン（第三年＝三回忌）ニアタル」と記している。

一方、彦次郎が瓦の上に大工として銘文を残すのは、応永十二年五月が法隆寺では最古のものであるが、永享十年（一四三八）のヒコ次郎六十一歳の時に、「トシ廿七カラ大工ニナル」と明記しているから、応永十一年の五月頃に国重が没し、ヒコ次郎がすぐに大工職を継いだものと考えられる。すなわち、大和の瓦大工橘一族では、世襲の大工職であり、親から子への相伝を原則とするものであり、親方の息子であっても、親方が死ぬか、職を譲るかしなければ、惣大工・親方にはなれなかったのであり、この瓦工組織は、ただ一人の大工職・親方によって統制される集団であったとみてよい。そして、国重や吉重の残したヘラ書き瓦をみても、瓦には自分のことのみを記す、他の工人にヘラ書きを許さない、他の工人のことは何も記さないことをみても、絶対的な存在としての親方が想定される。

271Fa

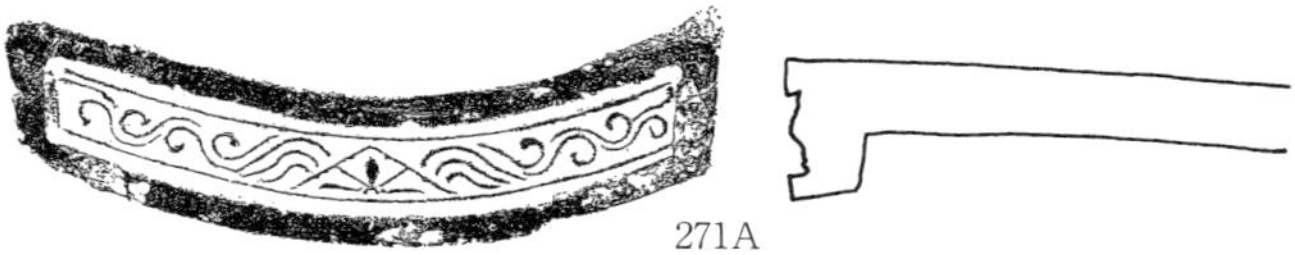

271A

第20図　法隆寺の軒平瓦（縮尺 約1：6）

以下では、正重の時代の法隆寺の瓦について概観しておこう。

正重は、永徳三年（一三八三）に完成した上宮王院の修造瓦の作製、応永四年（一三九七）頃の西円堂の修造瓦の作製、応永十一年の五重塔の修造瓦の作製を行なう。上宮王院・西円堂・五重塔の修造軒平瓦は、いずれも半截花菱・波状唐草文軒平瓦であるが、上宮王院では271Fa、西円堂・五重塔では271Aが使用されている。両者の軒平瓦に技法の差はほとんどないが、271Aの笵が磨耗したものに瓦当下縁に面取りが生じていることが若干異なっている。

鬼瓦については、西円堂例[19]は銘文がないが一六個残されており、五重塔例は銘文あるもの四個が残されている。合計二〇個、いずれも上下の歯を噛み合せた鬼である。後述の四天王寺住人瓦大工の鬼、幡州住人瓦大工の鬼が、鼻と目の幅がほぼ同じ（すなわち鼻の幅が異常に広い）であるのに対し、瓦大工橘氏の鬼は人や動物と同じく、鼻の左右の幅と、両眼それぞれの眼の中央間の幅が、ほぼ等しくなっている。また橘氏鬼瓦では、獣をイメージして細部をリアルに描いているのではないかと思われ、口を開けたネコ科の動物に角を付けたような印象を与える。西円堂の鬼瓦と五重塔の鬼瓦では、共に角はやや外開きに直立させ、表情にもあまり差はみられないが、左右珠文帯の下端が異なる。すなわち、西円堂鬼瓦では珠文帯下端は鬼瓦下端となって終る点で、南北朝期の鬼瓦と同じで古い様相を残すが、五重塔鬼瓦では、珠文帯下端は一歩手前で終り、区画されており、新しい様相が入っている。

2　初代吉重

彦次郎・吉重の仕事は、瓦大工になる以前の二十七歳まで、初期の瓦大工の二十八歳から三十九歳まで、銘文が現在判明しない四十歳から四十八歳まで、ユウアミと名乗った最初の一〇年間の四十九歳から五十八歳まで、晩年の仕事を行なった五十九歳から七十一歳までに分けることができる。

瓦大工になる以前の二十七歳までの仕事は、応永二年、十八歳での平瓦の銘文が初見である。応永五年の法隆寺西円堂棟札では、大工国重と権大工吉重の名を記し、親方大工国重の後継者としての吉重の名が記されており、その立場は応永二年のヘラ書き瓦からして十八歳以前に遡ることを示す。なぜなら国重以外には、吉重しかヘラ書きを残さず、「御房五郎　助太郎　彦三郎　次郎　観音太郎」のヘラ書きは全く残されていない、つまり、ヘラ書きすることを許されていないからである。国重と彦次郎吉重の年の差は二十五歳であり、彦次郎の子供の頃から、瓦作りだけでなく、親元での文字の伝習を行なっている。

応永六年東院礼堂平瓦　「ヲウエイ六年《ツチノトノウノトシ》四月十一日　瓦大工国重　花押」

応永十二年大講堂鬼瓦　「ヲウエイ十二子ン《キノトノトリノトシ》五月廿五日　瓦大工彦次郎」

右の国重のヘラ書きと、左の彦次郎のヘラ書きを比べると、国重の文字「年」が、彦次郎の文字「子ン」に変っているだけで、その他は漢字とカタカナの配分が同じであることがわかる。

なお、大和の彦次郎吉重が兵庫県報恩寺において、明徳四年（一三九三）にヘラ書き瓦を残し、西円堂棟札の友実が報恩寺の「橘友重」で国重の長男にあたり、彦次郎吉重が国重の次男であるという説があり、この点は播磨の橘氏の章で述べよう。

瓦大工になった初期の仕事（二十八歳から三十九歳まで）

先述のように応永十一年に国重が没し、ヒコ次郎はその直後に大工職を継いでいるが、応永十二年五・六月の仕事として法隆寺大講堂の丸平瓦・鬼瓦を残している。一方、京都市東福寺三門にみられる鳥衾には、応永十二年十月十日の「□次郎」のヘラ書きを残し、鬼瓦には「彦次郎吉重」とヘラ書きするもの二点、「吉重」とヘラ書きするもの一点がある。ヘラ書きを残す四点については、応永十二年における大和の彦次郎吉重の作と考えてよいが、『東福寺三門修理工事報告書』[20]で述べる「すべて当初のもの」「鬼瓦」と説明していることについては、細かく検討される必要がある。東福寺三門は二階二重門であり、一階の瓦作り・瓦葺は早く、その後しばらくして、応永十二年の二階の瓦作りが行なわれたのであろうと考えられる。つまり、一階の鬼瓦はすべて珠文帯を鬼瓦下端に達する点では、法隆寺西円堂（西円堂棟札、応永五年〈一三九八〉）の鬼瓦と同じだが、眼がまだ中実である（一点は中空）点は、西円堂の鬼瓦より古式の作りとなっている。したがって、東福寺三門の一階の鬼瓦は、応永元年以降のものであるかどうか微妙になってくるのである。

このように、まず東福寺三門での一階部分の瓦作り・鬼瓦作りがあって、その後一〇年以上経過してからの応永十二年五月の法隆寺大講堂の鬼瓦作り、同年十月の東福寺三門での二階部分の鳥衾作り・鬼瓦作りがあって、さらに翌年の法隆寺大講堂大棟の鬼瓦作りとなる。この間に、鬼瓦の全形および細部が刻々と変化している様子がうかがえるのである。

なお彦次郎吉重の手による鬼瓦および軒瓦のセットの全体がわかるのは、応永十三年の法隆寺聖霊院

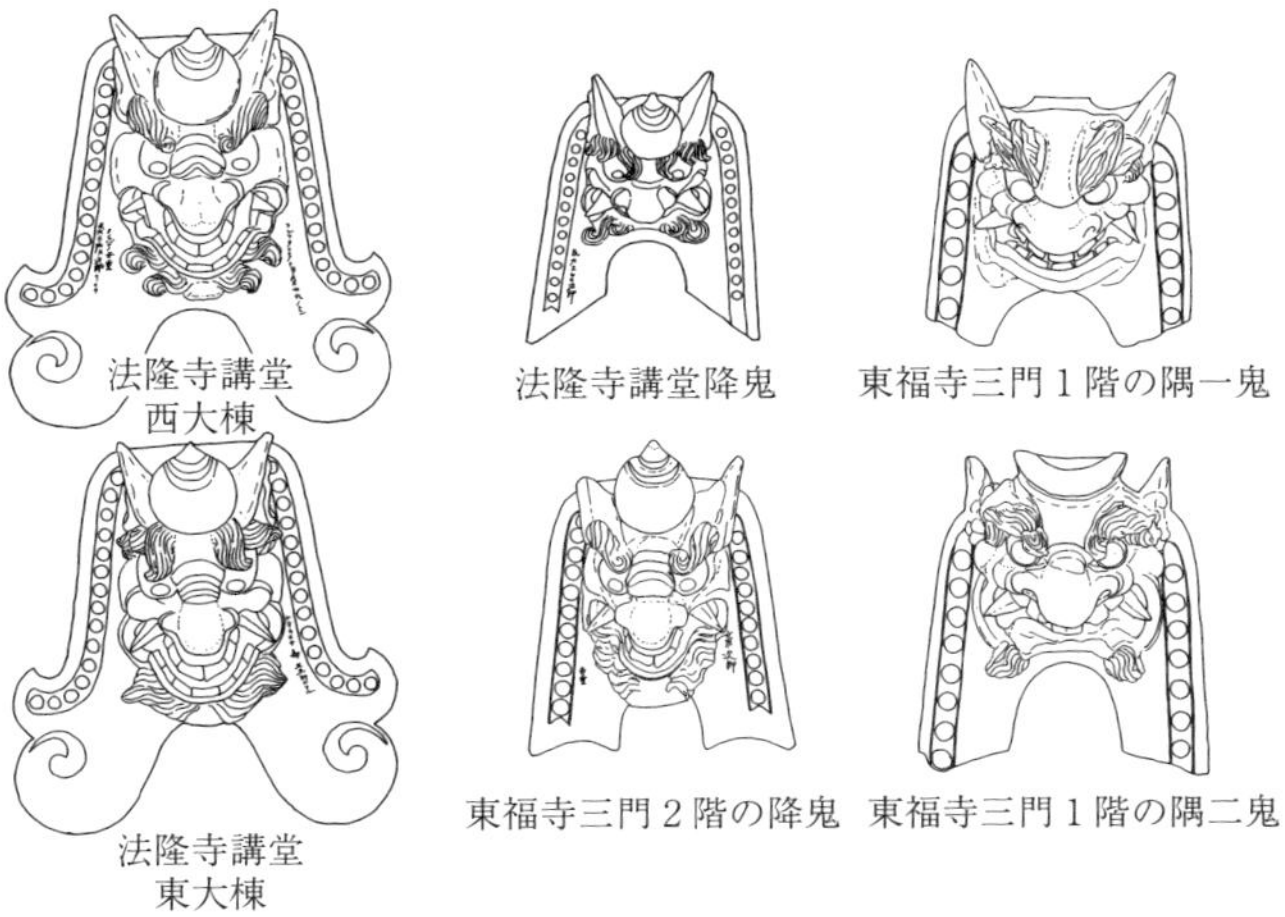

第21図　橘氏鬼瓦の変化（縮尺 約１：28）

の瓦作り(18)で、降棟用で脚端を刳り込む最初の鬼瓦、および三巴左巻軒丸瓦と菊水文軒平瓦272Baの組み合せの瓦が作られている。吉重はその後、応永十七年に法隆寺西院廻廊の瓦を製作し、その時の軒瓦は三巴左巻軒丸瓦と菊花唐草文軒平瓦272Cbである。応永十三年の軒平瓦272Baの笵を切り縮めた272Bb、および応永十七年の笵272Cbを切り縮める以前の272Caが、薬師寺で出土しているので、応永十四年から十六年頃、薬師寺で吉重が瓦作りを行なっていることがわかる。薬師寺東院堂の平瓦銘には、「瓦大工橘吉重　ヲウエイ十四子ン十一月十八日　ヒコ次郎　吉重」のヘラ書きがある。また軒平瓦272Baは、薬師寺金堂の補修瓦としても使用されている。

法隆寺西院廻廊の応永十七年の瓦製作の後、霊山寺本堂の平瓦銘(21)には、「トヒノリヤセン　シノ亍ンタウノサシ瓦三千五百　枚ノ内　瓦大工セウ大イノ　彦次郎吉重　ヲウエイ十八子ン　カノトノウノトシ二月廿日」

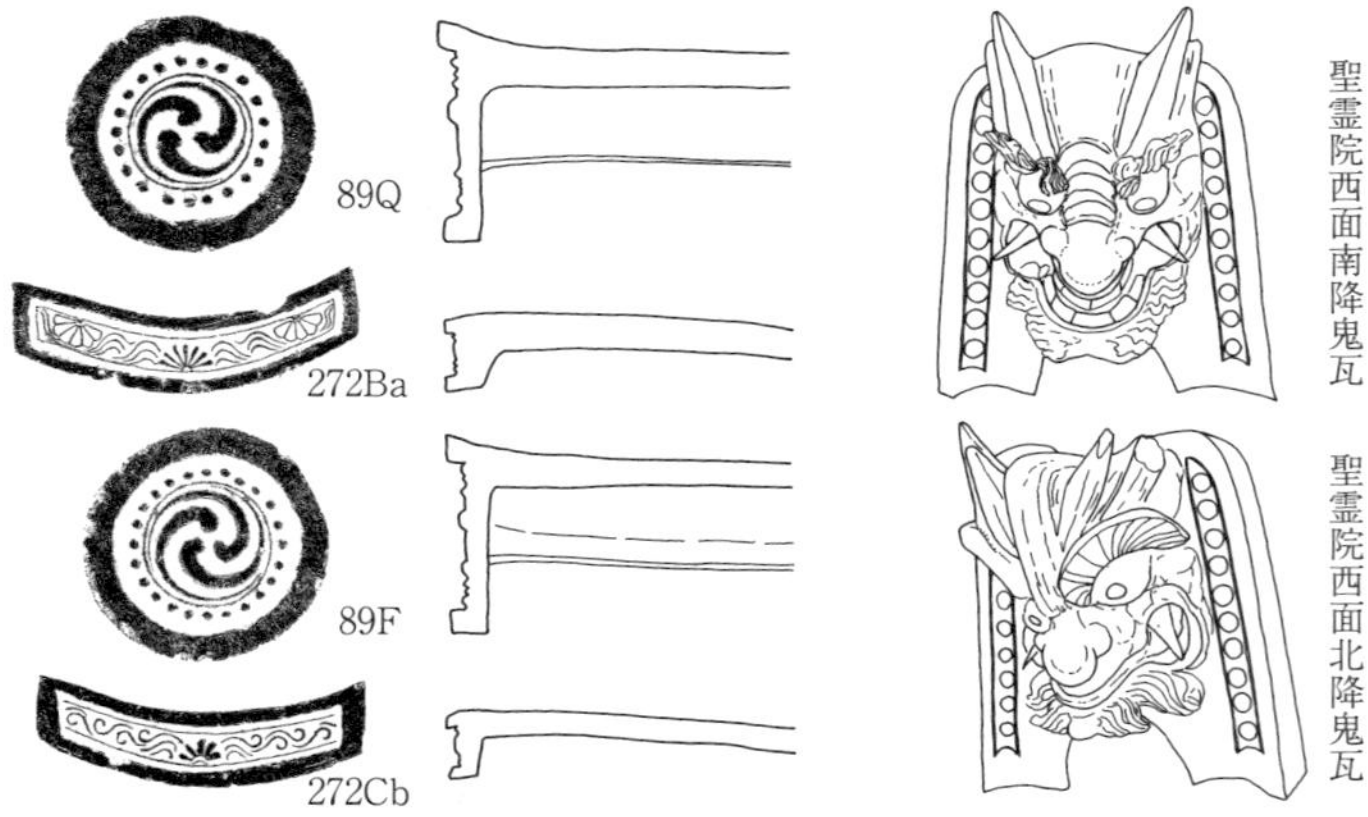

第22図　吉重が作った初期の瓦（縮尺 鬼瓦は1：18，軒瓦は1：12）

とあって、吉重は初めて西の京の招提に本拠を置くことを記している。その後、応永十三年以来、二度目の聖霊院の瓦作りは、応永二十三年（一四一六）八月に行なわれ、瓦作りは金光院の旦那から請け負い、聖霊院の瓦葺きは総計六旦那から請け負ったことを記している。

法隆寺での仕事がない時期（四十歳から四十七歳まで）

法隆寺での銘文は応永二十四年以降、永享元年までの九年間で大講堂の丸瓦の一点のみ（応永三十年）知られているが、これは吉重の字でなく、法師によるヘラ書きである。また、法隆寺以外では、応永三十二年の唐招提寺講堂の平瓦にヘラ書き銘を残す。

このように四十歳から四十八歳までのヘラ書き瓦は、現在ほとんど確認できないが、その理由の一つは文字瓦が多く残る法隆寺での仕事がない時期であり、理由の二つ目は大和の周辺地で瓦製作を行なったからであろう。すなわち、地位を向上させ一定の評判を得ることができ

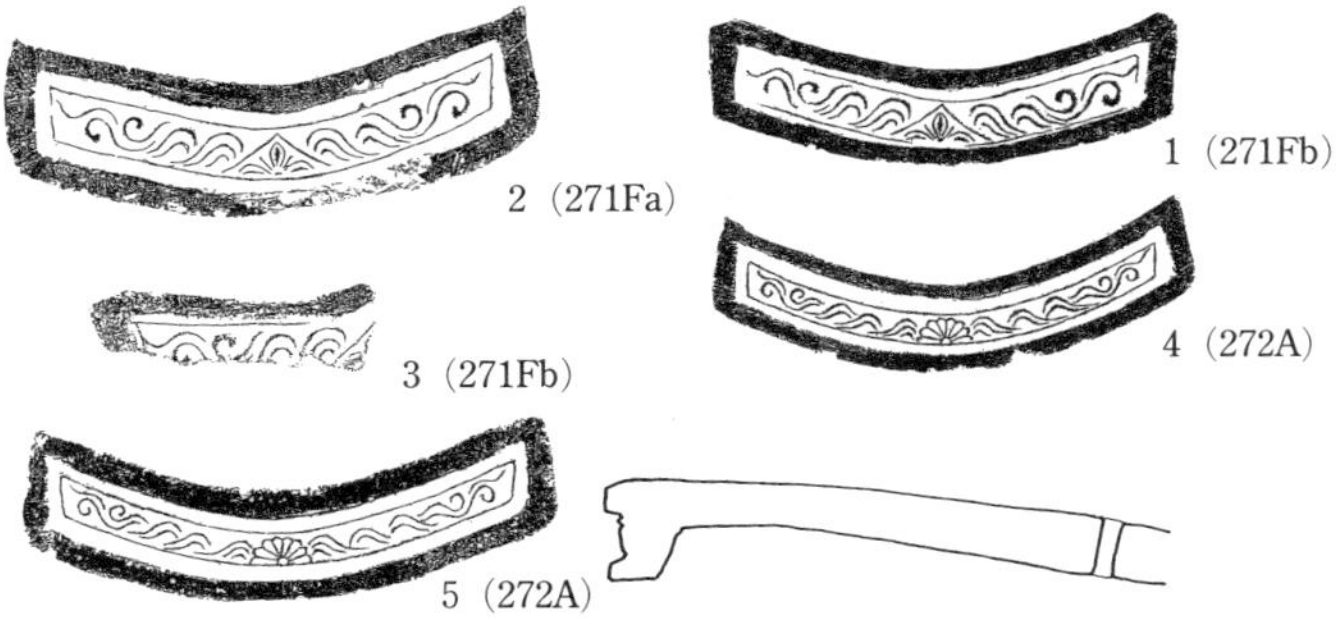

第23図　同笵軒平瓦(1)（縮尺 1：8）
1・4 醍醐寺，2・5 法隆寺，3 西大寺

た大和の橘氏は、大都市からやや離れた周辺地域での造瓦活動を増大させたのである。まず、京都市醍醐寺では法隆寺と同笵の軒平瓦があり、271Fbと同笵の軒平瓦は国重の時の出張製作、272Aと同笵の軒平瓦は吉重の時の出張製作を示す。次に、和歌山県下では、薬師寺358・竹林寺（唐招提寺所蔵瓦）出土の軒平瓦は、紀伊根来寺坊院および海草郡下津町地蔵峰寺本堂の軒平瓦と同笵であり、吉重が四十歳から四十八歳までの頃、紀伊に出稼ぎに行ったことを物語るものであろう。また、河内では龍泉寺出土の菊文唐草文軒平瓦は大和唐招提寺や喜光寺例と同笵であり、吉重による出稼ぎの時の瓦である。

ユウアミと名乗った最初の一〇年間（四十八歳から五十八歳まで）

唐招提寺講堂の応永三十二年（一四二五）銘と同一の平瓦にユウアミのヘラ書きがあり、この頃すでにこの名を使ったらしい。ユウアミの名を法隆寺で確認できるのは永

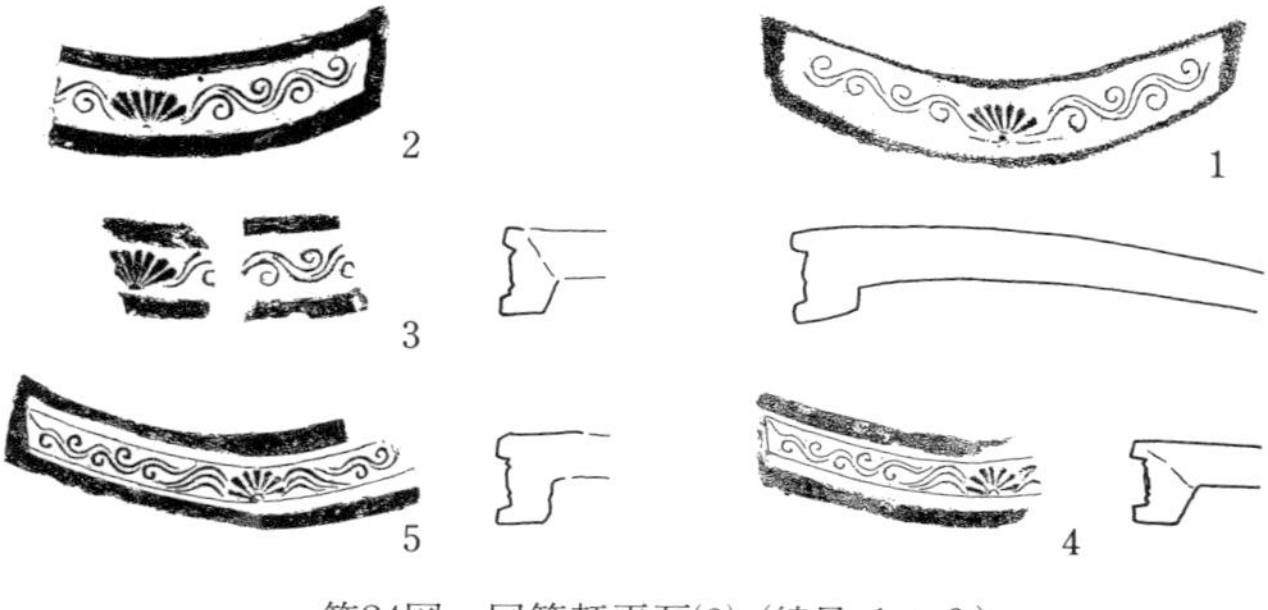

第24図　同笵軒平瓦(2)（縮尺 1：8）

1 根来寺，2 竹林寺，3 薬師寺，4 龍泉寺，5 唐招提寺

享二年（一四三〇）である。永享十年の鬼瓦に、「大工ニナルトシカラ十ワウ三郎トユウ　ノチニユウアミタフトユウ」（後に祐阿彌仏という）と記し、ユウアミは阿弥陀号である。ユウアミは、永享二年、法隆寺綱封蔵の瓦作りを行なう。この時期の吉重の仕事も不明な点が多い。

晩年の時期（五十九歳から七十一歳まで）

これまで全く弟子の瓦工達の名を記さなかった吉重に変化がみられる。まず、永享八年の南大門の丸瓦(12)に次のように記す。

永享八年六月六日ハシマル
ヲナシキ九月四日マテ土ウツナリ
又コノトキシテノ人ワ大工ソウ五郎
サイモン五郎殿又三郎サフ郎太郎□
寿王次郎春王丸以上八人□
永享八年九月五日瓦大工□
南大門ノ瓦ナリ

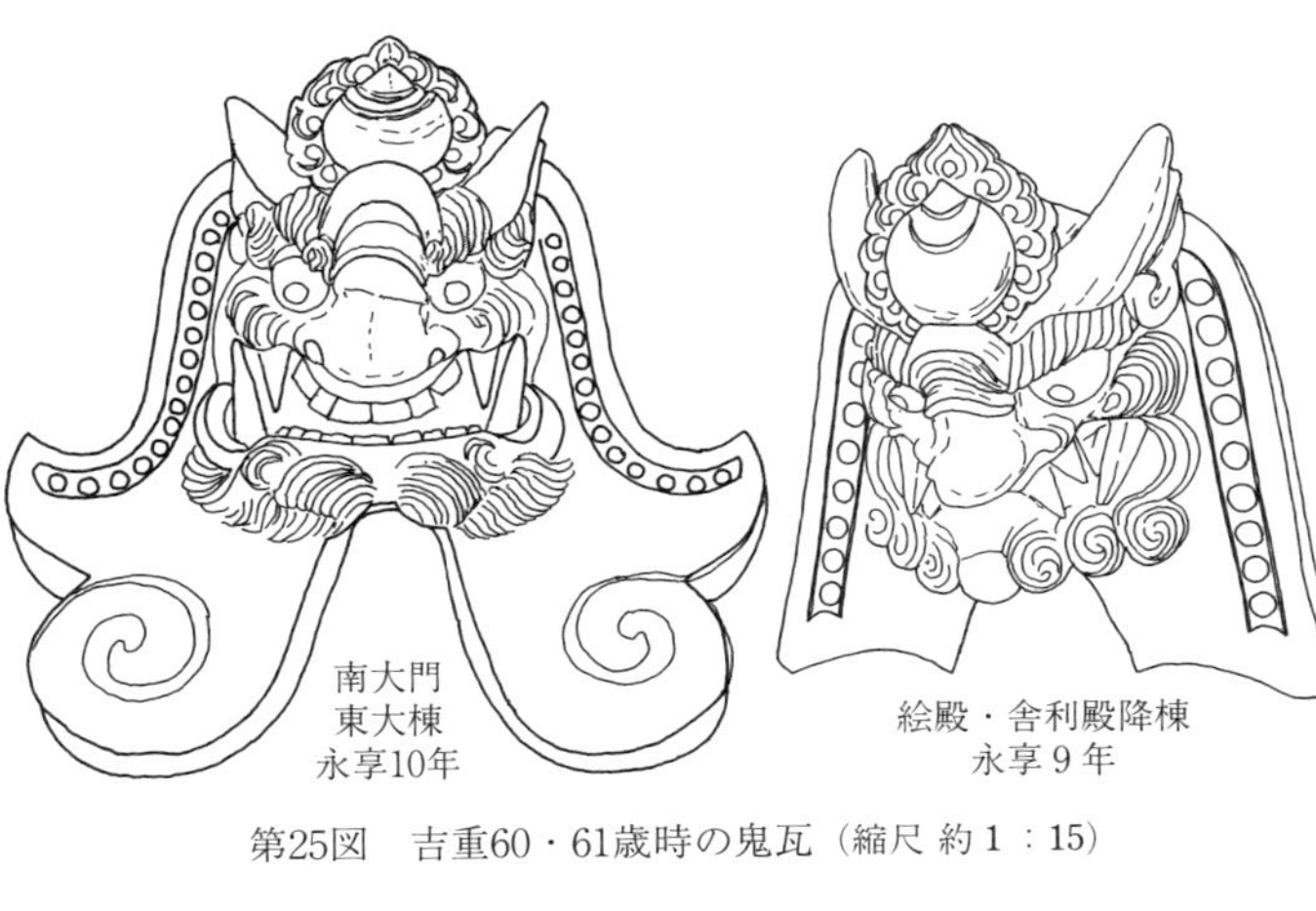

第25図　吉重60・61歳時の鬼瓦（縮尺 約1：15）

丸瓦の下端が破損しているので全文は不明だが、明らかに吉重・ユウアミの文字である。南大門の瓦作りのための土打ちは六月六日にはじまり、九月四日まで行なった。またシテの人（瓦作りを行なった人）は、大工ソウ五郎のもと、サイモン五郎殿と又三郎・サフ郎・太郎・□・寿王次郎・春王丸の八人で行なったとしている。この年七月のヘラ書き瓦をみると、ユウアミの文字はなく、これまでと異なる書き方のヘラ書き瓦がみられる。

(一)　軒丸瓦　南大門のあふミ瓦　永享八年六月六日より　ハシマル七月五日の日記瓦大工
(二)　軒丸瓦　永享八年七月五日　南大門乃あふミ瓦日記
(三)　軒平瓦　永享八年丙辰七月六日　瓦大工
(四)　鳥　衾　永享八年六月六日ヨリ　南大門ノ瓦ツクルナリ　永享八年丙辰七月六日
(五)　平　瓦　まこ次郎　南大門ノ瓦　永享八年七月九日　瓦大工

まず、干支を漢字で書くものはこれまでのユウアミにはなかったのであり、さらにカタカナ・ひらがなの混合文も異なる点で、別人の手によるものである。すなわち、南大門の丸瓦に記されている通り、少なくとも七月にはユウアミは瓦作りに参加しておらず、「大工ソウ五郎」の指揮のもと瓦作りを行なったのである。これらの文字瓦は、ソウ五郎のものと考えてよいだろう。なお、ユウアミは八月五日から鬼瓦を作っており、途中から参加している。ユウアミが、他所へ出稼ぎに行っていたのか、病気で仕事を休んだのか、何も書いていないが、おそらくこの間病気ではなかったか、と思われる。

次にユウアミと異なる文字が記されるヘラ書き瓦は、二代目吉重＝左衛門次郎のものである。ユウアミは、文安五年（一四四八）の平瓦に「ユウアミユツルナリ」、また別の破片に「□ワウニトラスル」とあって、「□ワウ」に大工職を譲っている。次の年からユウアミの銘文はなく、「左衛門次郎作也」「大工橘吉重」のヘラ書き瓦があり、この人物は干支も含めて漢字文で書く特徴がある。正式の大工職譲渡以前のヘラ書き瓦として、次のものがある。

㈠　食堂鬼瓦　　文安三年丙寅十一月吉日　左衛門次郎作也

㈡　伝法堂鬼瓦（正面右）　法隆寺鬼瓦左衛門次郎作也　文安三年丙寅十月三日
（正面正）　瓦大工ユウアミ生年　六十九ニナル橘吉重　伝法堂西方

すなわち、ユウアミから大工職を正式に譲られる二年前（文安三年）には、□ワウは、鬼瓦の正面右に左衛門次郎の名を自署し、一方ユウアミは鬼瓦の左に自からの名を記すことからみても、ユウアミから左衛門次郎に大工職を譲ることは二年前以前に決まっているとみてよいだろう。そして、それがどこまで遡るかであるが、

㈠　伝法堂平瓦　瓦大工左衛門次郎　橘吉重　嘉吉弐壬戌年　九月廿一日

㈡　伝法堂平瓦　法隆寺　カウタウノサシ瓦ツクル年ワ　嘉吉二年十月ツクルナリ瓦大工左衛門次郎橘吉重

にみられるように、嘉吉二年（一四四二）には、左衛門次郎と橘吉重と連記するヘラ書き瓦がある。字

体がわかる㈡については、ユウアミの文字と考えられるから、少なくとも正式に大工職を譲る六年前には「左衛門次郎橘吉重」であることが決められているとみてよいだろう。それでは、左衛門次郎は、それ以前のヘラ書き瓦の工人の中に名をあらわさないのかといえば、永享十年（一四三八）の「寿王小次郎」「十ワウコ次郎」がこれに該当する人物であろう。まさに、ユウアミは、「□《十》ワウニトラスル」（寿王に跡を取らせる）のである。

南大門の平瓦には、

ナンタイモンノ瓦ツクリタル
人ノカス事
大工ユウアミ十ワウコ次郎
ソウ五郎又三郎三郎太郎
サイモ五郎ヒコ三郎次郎
ツクリノシウフンインレア　アラキ
九人
永享十年《ツチノエ ムマノトシ》八月　日

と記し、また南大門軒丸瓦には、

コノ瓦ツクルトキノシテノ人

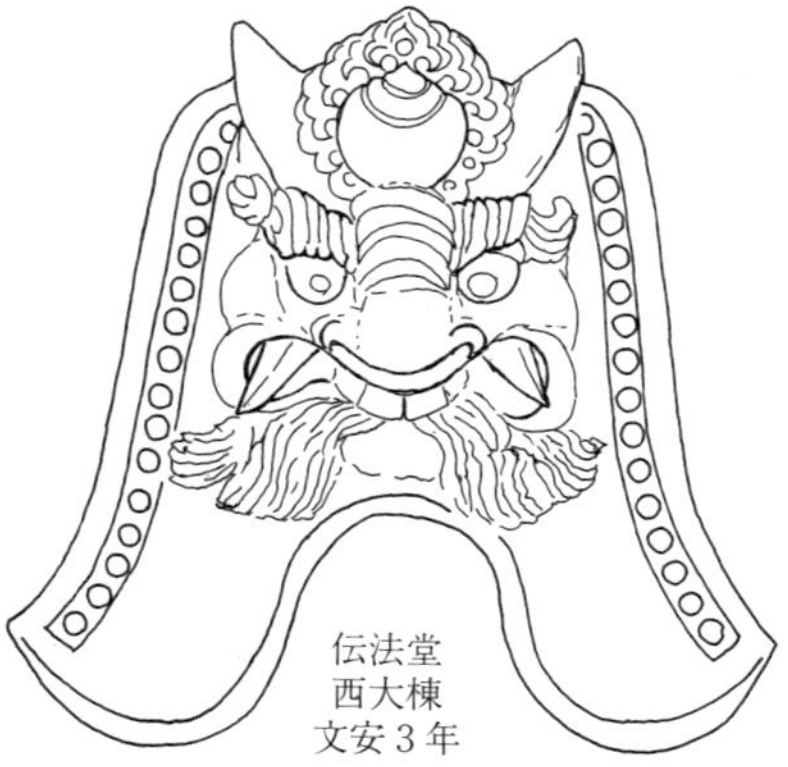

第26図　吉重69歳時の鬼瓦（縮尺 約１：12）

ワ大工ユウアミ
又三郎三郎太郎
寿王小次郎
　以上合五人アリ
土ウチトウ三郎トク郎
六郎ムマノ次郎ケン次郎
以上合五人アリ永享十年

と記す。

ユウアミの晩年の製作品として、永享八年の南大門の軒丸瓦89Ｂ・軒平瓦268Ｂ・鬼瓦、永享九年の絵殿・舎利殿の軒丸瓦96Ｕ・軒平瓦268Ｂ・鬼瓦(18)、嘉吉元年（一四四一）瑞花院本堂の軒丸瓦89Ｏ・軒平瓦268Ｂなどが残っている。軒丸瓦は、数年単位で笵型を変えているが、軒平瓦は宝珠唐草文軒平瓦268Ｂを一貫して用いている。鬼瓦では、永享九年銘の「タンナノコノミニヨリテ　ソカウニツクルナリ」と記す鬼瓦43（絵殿・

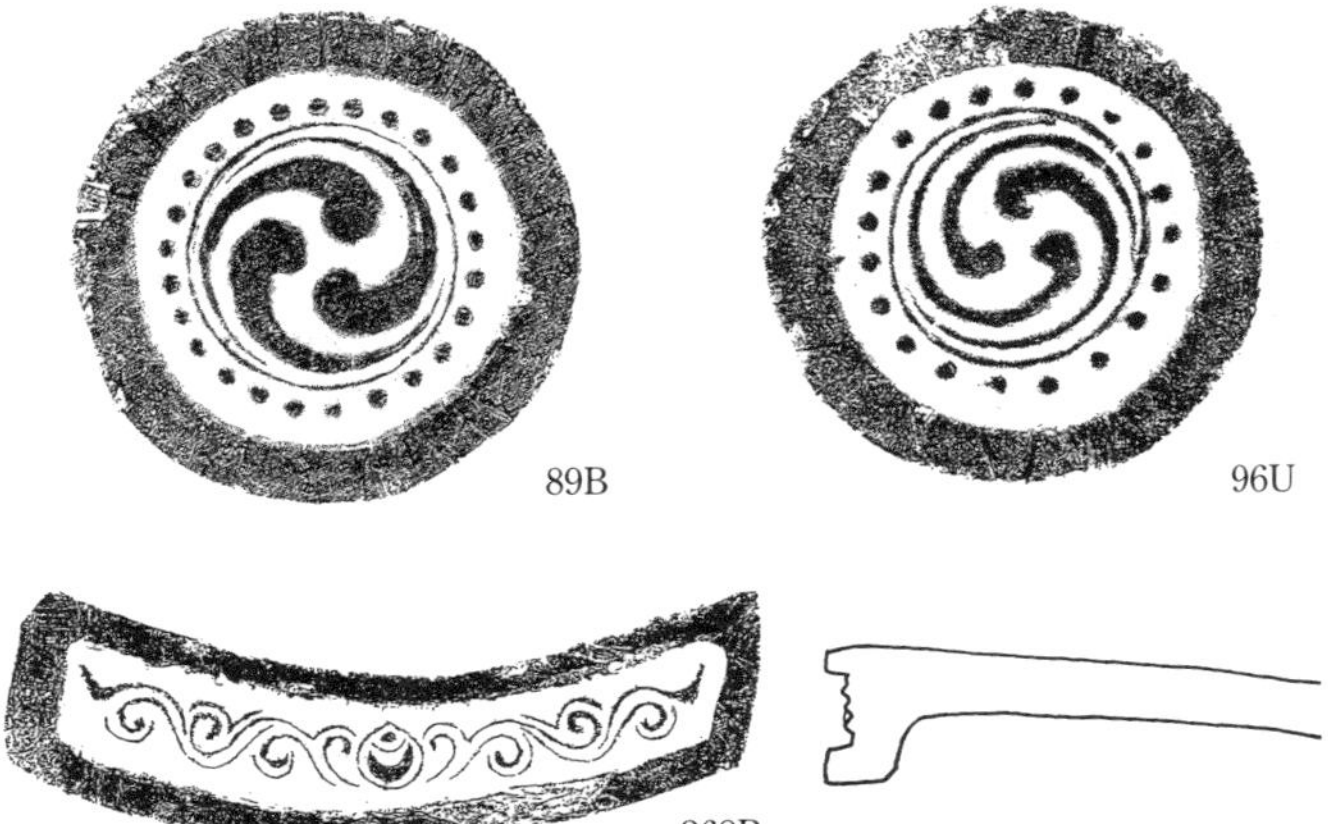

第27図　吉重晩年の軒瓦（縮尺 約１：６）

舎利殿所用）では、旦那の好みによりて粗豪・目張り・明確・豪華などのイメージをねらっている。

3　二代目吉重とその後の大和の橘氏

二代目吉重およびそれ以降の吉重のヘラ書き瓦として、主要なものは次の諸例である。[18][21]

㈠　法隆寺西院経蔵鬼瓦　文安六年己巳三月十二日　瓦大工左衛門次郎作也（一四四九）

㈡　霊山寺本堂丸瓦　霊山寺瓦大工　大和国住人　橘吉重彦次郎（花押）宝徳四年二月廿二日（一四五二）

㈢　廃龍田伝燈寺鳥衾　享徳二年癸酉卯月吉日龍田伝燈寺
時之奉行聖存賢祐
瓦大工左衛門大夫橘吉重（一四五三）

㈣　法隆寺福生院鬼瓦　南方　享徳癸酉六月□　瓦大工吉重（花押）（一四五三）

㈤　法隆寺妻室鬼瓦　瓦大工橘吉重　享徳四年乙亥四月□（一四五五）

㈥　法隆寺大湯屋表門軒丸瓦　享徳四年卯月廿五日太夫次郎作也（一四五五）

㈦　霊山寺旧鎮守十六所神社鳥衾　瓦大工招提之彦次郎　康正弐年丙子十一月日（一四五六）
作者左衛門次郎　橘吉重

(八) 法隆寺東院南門鬼瓦　東院南門鬼瓦寿王太夫　瓦大工（花押）　長禄三年己卯卯月吉日（一四五九）

(九) 法隆寺大講堂平瓦　瓦大工寿王太夫　法隆寺大講堂瓦也　作者橘吉重二百枚之内
寛正三年壬午七月吉日（一四六二）

(十) 百済寺三重塔丸瓦　寛正三年五月□□日彦次郎（一四六二）

(十一) 唐招提寺講堂平瓦　□大講堂瓦也　作者橘吉重　文明九年丁酉三月吉日（一四七七）

(十二) 法隆寺宝珠院本堂鳥衾　瓦大工橘吉重（花押）　文明十三年五月十八日（一四八一）

(十三) 一乗寺三重塔　長吏法印仙秀年行事千侍従公永運　少勤進大乗坊明豪
本願主言院永海　文明十二二年壬刁八月四日奉行栄舜清舜大工橘吉重（一四八二）

(十四) 唐招提寺講堂鬼瓦　長享元年十月廿五日ヨリ別受執行日数廿日奉行十人　其鋳同二年戊申　加
修理畢自已前前葺六十三年　長享二年戊申四月日瓦大工　寿王太夫作也（一四八八）

(十五) 大和某寺（黒川古文化研究所蔵）《キリク》南無阿弥陀仏　永正二年九月廿九日（一五〇五）
瓦大工橘吉重（花押）

(十六) 法隆寺綱封蔵鳥衾　ニシノキャウ　瓦大工吉シゲ　大永四年甲申二月十二日瓦数九千五百（花押）
四郎二郎　シン三郎
小次郎　小三郎
次郎九郎新三郎（一五二四）

㈦　法隆寺綱封蔵鳥衾　　コノクラハキタヨリ六ケン
人数七人
大永四年甲申二月十二日ヨリハシムル瓦数一万（一五二四）
施主十宝院舜清法師敬白
瓦ツクル衆四郎二郎　新三郎
小太郎　コ三郎
次郎九郎　新三郎

㈧　法隆寺綱封蔵平瓦　　瓦大工サエモン太郎
大永四年二月廿七日（一五二四）

二代目吉重は、ユウアミから文安五年（一四四八）に瓦大工職を譲り受けているが、二代目吉重の問題点としては、どこまでが二代目吉重のヘラ書き瓦であるか、さらに二代目の出自の問題（初代吉重の実子であるか）、二代目の播磨とのかかわりの問題がある。

まずどこまでが二代目吉重のヘラ書き瓦であるかについて、昭十六・十九年の黒田昇義氏(21)(22)は一四四九年から一四八八年ま

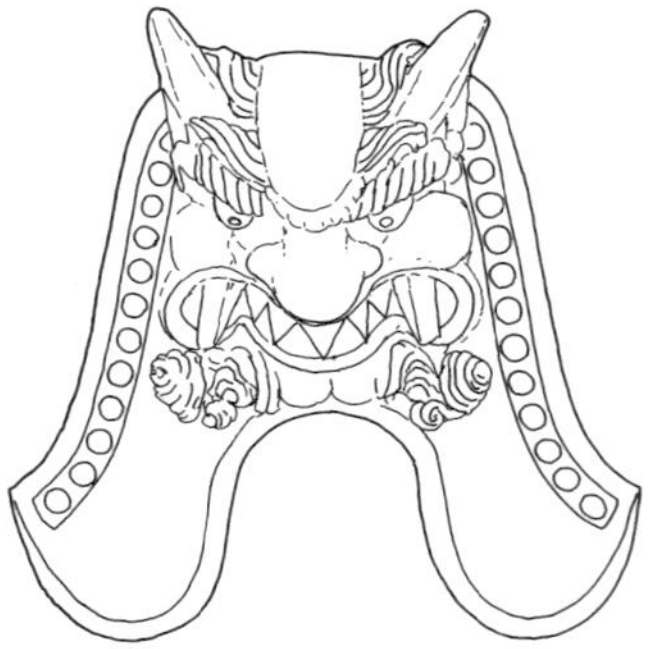
西院経蔵北大棟　文安６年

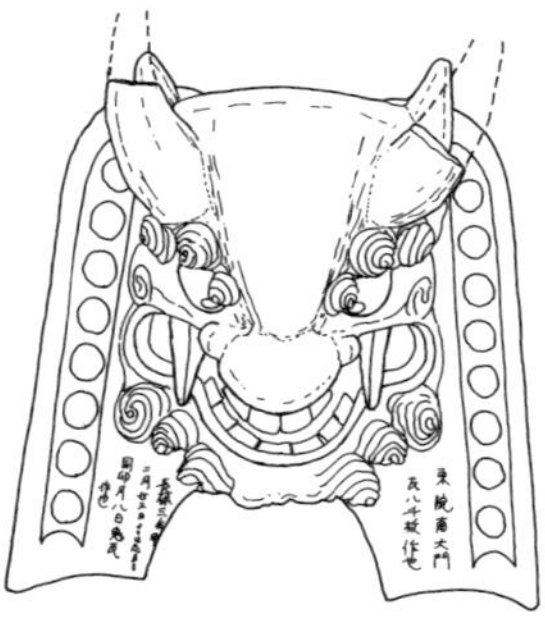
東院四脚門降棟　長禄３年

第28図　二代目吉重の鬼瓦(1)（縮尺 約１：12）

で（史料㈠から㈣まで）とし、平成四年の佐川正敏氏(18)は法隆寺で確認できるのは㈠から㈢までとしている。一方、平成十三年の田村信成氏(23)は、文明十二年（一四八〇）の「東寺執行日記」にみえる理左衛門吉重を三代目と考えている。この考えをヘラ書き瓦でみると、文明十三年の㈢は三代目のものとなる。佐川氏の分類では、㈣と㈧の吉重・寿王太夫の花押がD型であるのに対し、㈢の花押はE型となっている。佐川氏はD型とE型が類似するので同一人物のものと考えたのであろうが、やや異なった形の花押である。これを別人のものとみて、私は田村氏の文明十二年からは、三代目になっているとの説を支持したい。なお、㈩の百済寺三重塔丸瓦例については「彦次郎」とだけ記し、また百済寺の菊水文軒平瓦からみても二代目吉重のものとは考え難いので、吉重とは別人の大和の橘氏一族の「彦次郎」の製品であると考えておきたい。

次に、二代目吉重の出自の問題がある。

二代目吉重は永享十年（一四三八）には、寿王小次郎として

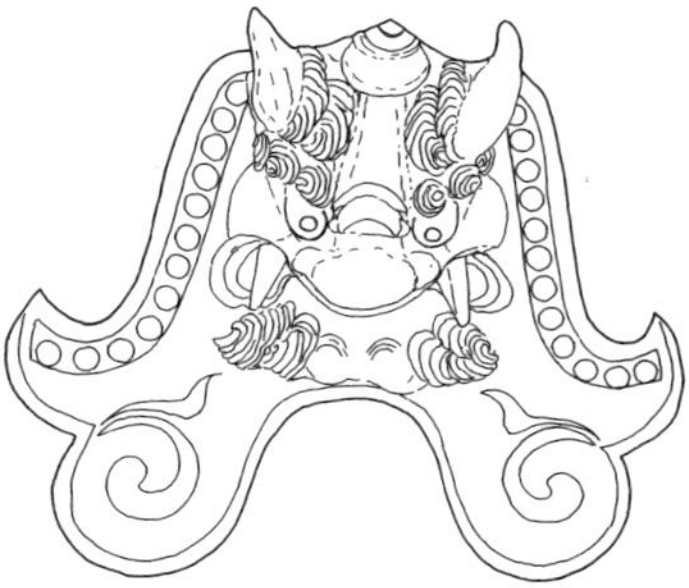

東院南門大棟西　長禄３年

東院南門大棟東　長禄３年

第29図　二代目吉重の鬼瓦(2)（縮尺 約２：27）

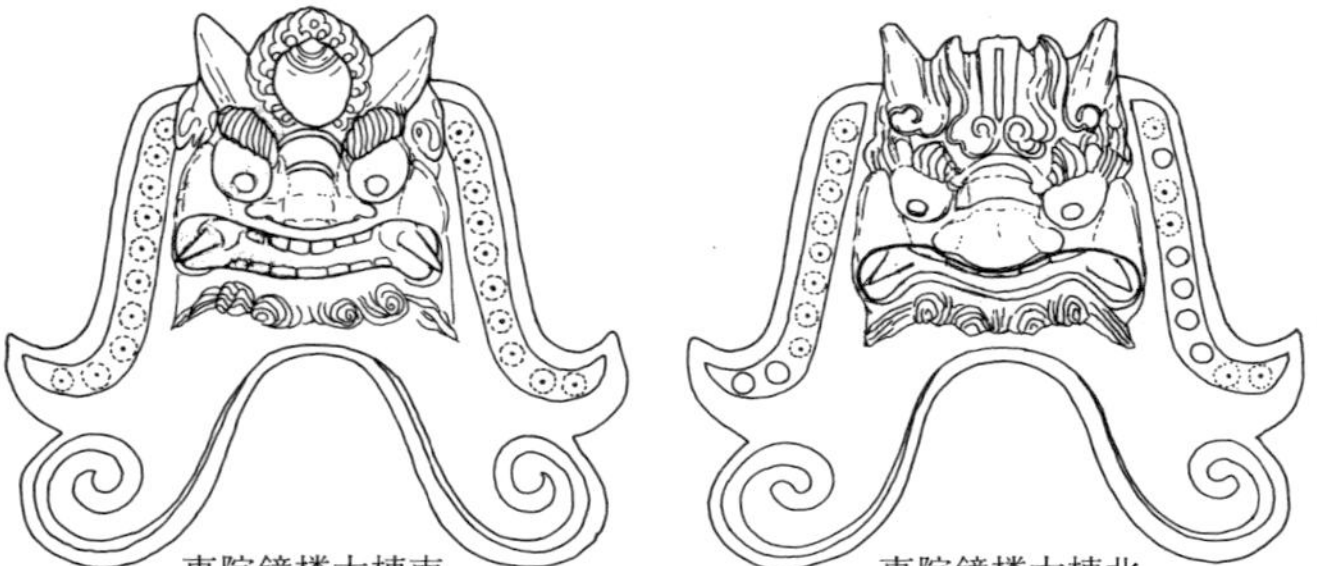

東院鐘楼大棟南
天文17年

東院鐘楼大棟北
天文17年
作者兵衛三郎

第30図　兵衛三郎の鬼瓦（縮尺不明）

初代吉重のもとで瓦作りを行なっており、この頃寿王小次郎は十代（晩年の文明九年には五十代）であると考えられるが、初代と二代目とで文字の書き方が全く異なっている。

初代　サシ瓦大工ユウアミ　カキチ三年十月廿五日　ユウアミトシ六十六ナリ

二代　瓦大工招提之彦次郎　康正弐年丙子十一月日　作者左衛門次郎　橘吉重

すなわち初代はカタカナを多用して豪快な書き方であるが、二代目は漢字文で丁寧だが、豪快さはない。二代目は漢字文によって文章を構成することを教えられ、育ったのである。そして、両者の年令差が四〇以上あることを併せて考えると、二代目が初代の実子であると考えるのは難しいように思う。永享十年以前にユウアミの手元で、瓦作りや文字の書き方を教えられたとは考え難いだろう。例えば、永享八年にユウアミが病気の時に、全員をまとめた「大工ソウ五郎」は、漢字とカナの混合文であり、漢字だけの文章は、国重―吉重を継ぐ直系の人物としては考えられないと思う。そこで、考え方は二つあると思う。一つは大和の橘氏の中で他の家族を出自とする場合と、他の一つは播磨の橘氏を出自とする場合とである。

そして、十五世紀前半から中頃においては、大和と播磨とで酷似した文様の瓦が多く存在するのである。特に、兵庫県円教寺護法堂の宝徳三年（一四五一）の鬼瓦と、法隆寺東院南大門の長禄三年（一四五九）の鬼瓦の全形および表情が酷似していることが注意される。ただしこの二つの鬼瓦は、作者は同じではなく、円教寺は「大工左衛門大夫」の作で、法隆寺は「瓦大工寿王太夫」＝「左衛門次郎」の作である。しかし、二代目になってから左衛門という呼び名が強調されるのも、播磨との関係を思わせる材料である。そしてヘラ書き瓦㈢をみると、一乗寺で、はじめて播磨において大工橘吉重の名が出現するのである。大和の橘吉重が播磨一乗寺に行ったかどうか、このような微妙な問題を解決するには、最低限、問題となっているヘラ書き鬼瓦の観察が必要であるが、それどころか、所在不明で、鬼面の文様すら全くわからない状況では、とても判断することはできない。仮に一乗寺で瓦を作ったとしても、二代目の年齢からいって出稼ぎではないだろう。三代目に大工職を譲った後、出身地の播磨へ帰り、一乗寺の瓦を作ったというのはありえるが、現資料では想像が過ぎるだろう。

次に三代目のヘラ書き瓦とわかるのは、先述の㈡法隆寺宝珠院本堂鳥衾の瓦大工橘吉重（花押E）の文明十三年（一四八一）五月十八日の瓦であり、四代目のヘラ書き瓦は、㈤の永正二年（一五〇五）九月二十九日瓦大工橘吉重（花押H）の瓦であり、五代目のヘラ書き瓦は㈥の「瓦大工サエモン太郎」＝

「瓦大工吉シゲ」（花押F）の大永四年（一五二四）の瓦である。吉重の名が確認できるのはここまでで、三代目以降の資料はきわめて少なく、諸代それぞれの相互の血縁関係を想定できる状態ではない。

このように瓦大工が次々と変っていき、瓦の数が少ないのは、大和の混乱に起因するのである。すなわち応仁の乱では、大和は比較的混乱はなく、筒井一族の没落のみが大きな事件であったが、文明十七年の畠山両軍の対立から始まって、明応六年（一四九七）の古市澄胤の山城への逃亡以降、大和は混乱がますます激しくなり、白毫寺・菅原寺・海龍王寺・西大寺・東大寺が炎上・破却（一四九七〜一五〇八年）され、享禄元年（一五二八）には、薬師寺西塔が兵火によって焼失した。したがって享禄元年以降は、大和の瓦大工（特に西京の瓦大工）は、ほとんど不在の状態ではなかったかと思われる。というのは、大和国内において屋根瓦の葺き替えなどが寺院で行なえる状態では、とうていなかったのである。とすれば、大和北部の瓦工達は、安全なる領地を求めて他地へ逃散したのであり、あるいは、その始まりが中世Ⅷ期（一四九〇〜一五七五）初頭の一四九〇年頃にあるのではないかと思われる。つまり、一二六〇年を過ぎた頃から軒平瓦の製作技法が瓦当貼り付け式に変化し、それから二三〇年ほど経過して、大和の軒平瓦が顎貼り付け式に一斉に変化するのも、自律的な発展ではなく、大きな外からの変化があったとみなければならないだろう。少なくとも、中世を通じて独立性をもち、他地域への影響を強くもちつづけた大和の瓦生産、とりわけ大和の橘氏主流が、中世Ⅷ期の半ばすぎには完全に中断し、解体してしまったことは疑いないことのように思われる。

二　播磨の瓦大工橘氏

1　その始まりから橘友重まで

大和の瓦工が播磨に進出した最も初期の例は、円教寺大講堂の第一期唐草瓦（大講堂修理工事報告書）にある。この軒平瓦は、笵の切り縮めによって三段階に分けられる（第11図5〜10）。

第一段階——外区の四周に珠文縁を作る最初の段階で、唐招提寺と薬師寺で出土。

第二段階——下外区の珠文部分を切り取る段階。薬師寺で出土。

第三段階——脇区の珠文部分を切り取った段階。法隆寺と円教寺で出土。

第一段階の瓦は十三世紀末のものであるが、第三段階では十四世紀初頭の年代が与えられるだろう。この第三段階の時点で、大和から播磨に瓦の出張製作に行ったことは間違いない。そして、その同笵瓦が薬師寺と唐招提寺の西ノ京の寺であるということは、唐招提寺金堂の西側の鴟尾に名を残す、寿王三郎大夫正重本人か、その直系の瓦工、もしくはその権大工の立場にいる人物かが、播磨で瓦製作をしたことを物語るものである。

その後は、七〇年程の間、諸資料は沈黙している。

そして、十四世紀末に、兵庫県新宮町香山字家氏の皇祖神社の瓦製狛犬に、「明徳元年八月廿二日瓦大工橘友重（花押）」（一三九〇）のヘラ書きが出現する。さらに、明徳四年（一三九三）の瓦として、報恩寺跡出土[24]の次の資料がある。

(一)　□年五月十三日　瓦一万八千マイノ　ウチ　□（大）工　友重（花押）

(二)　ヒコし郎（花押）　四月十六日千ノヒナ

(三)　報恩寺　大工彦次郎（花押）　明徳四年□（五カ）

(四)　報音寺瓦　大工御□（房カ）五郎　彦次郎　六郎　藤五郎

明徳四年　三つのへ　と里のとし　五月五日　祐筆　梶原之□（秀カ）　□

これまで、(二)と(三)に記す彦次郎が、法隆寺彦次郎、後の初代吉重であるとする説があったが、両者の花押や字体を比較してみると異なっており、別人である。この点については山崎信二『中世瓦の研究』を参照されたい。

ところで報恩寺では三名の人物（友重・御房五郎・彦次郎）が大工と称しており三者の関係を把握するのが難しい。資料(一)〜(四)では、ヘラ書きを行なった人物は、(一)は友重、(二)はヒコし郎、(三)は彦次郎などの本人であるが、(四)は祐筆梶原之秀であり、御房五郎のヘラ書き文字および花押は発見されていないのである。したがって、御房五郎と橘友重が同一人であった可能性も残るが、それを裏付ける資料は、ほとんど得ることができない。

そして、㈣の資料からみると、御房五郎は彦次郎より上位にある大工・惣大工の地位にあり、彦次郎は㈢・㈣の資料から弟子の中では最上位の権大工の位置にあるものと考えられる。彦次郎は、四月十六日、五月五日と造瓦に従事しており、御房五郎も同じく四月・五月と造瓦に従事したであろうが、一方、友重銘のヘラ書き瓦は五月十三日の日付けをもつ一点のみである。おそらく、三者のうちでは橘友重が最上位の位置にあったが、何らかの理由で、五月十三日を含む数日間の短い期間でしか報恩寺の造瓦に参加しなかったものとみておきたい。そして、橘友重の名が、重を下字とする血縁グループ、大和の橘氏である正重……（　）……国重、―吉重、の系統につながる人物として、また国重と同世代の人物として、また国重と友重が近い血縁関係にある可能性を想定させるのである。

しかし、橘友重は大和橘氏とくらべて、傍流の立場にいるわけではない。両地域の鬼瓦を比較してみよう。

報恩寺	大棟鬼瓦(1)	隅及降り鬼瓦(2)	一三九三年
東福寺三門		一階隅及降り鬼瓦(3)	一三九四年頃？
法隆寺西円堂		隅及降り鬼瓦(4)	一三九七年頃
法隆寺五重塔		隅及降り鬼瓦(5)	一四〇四年

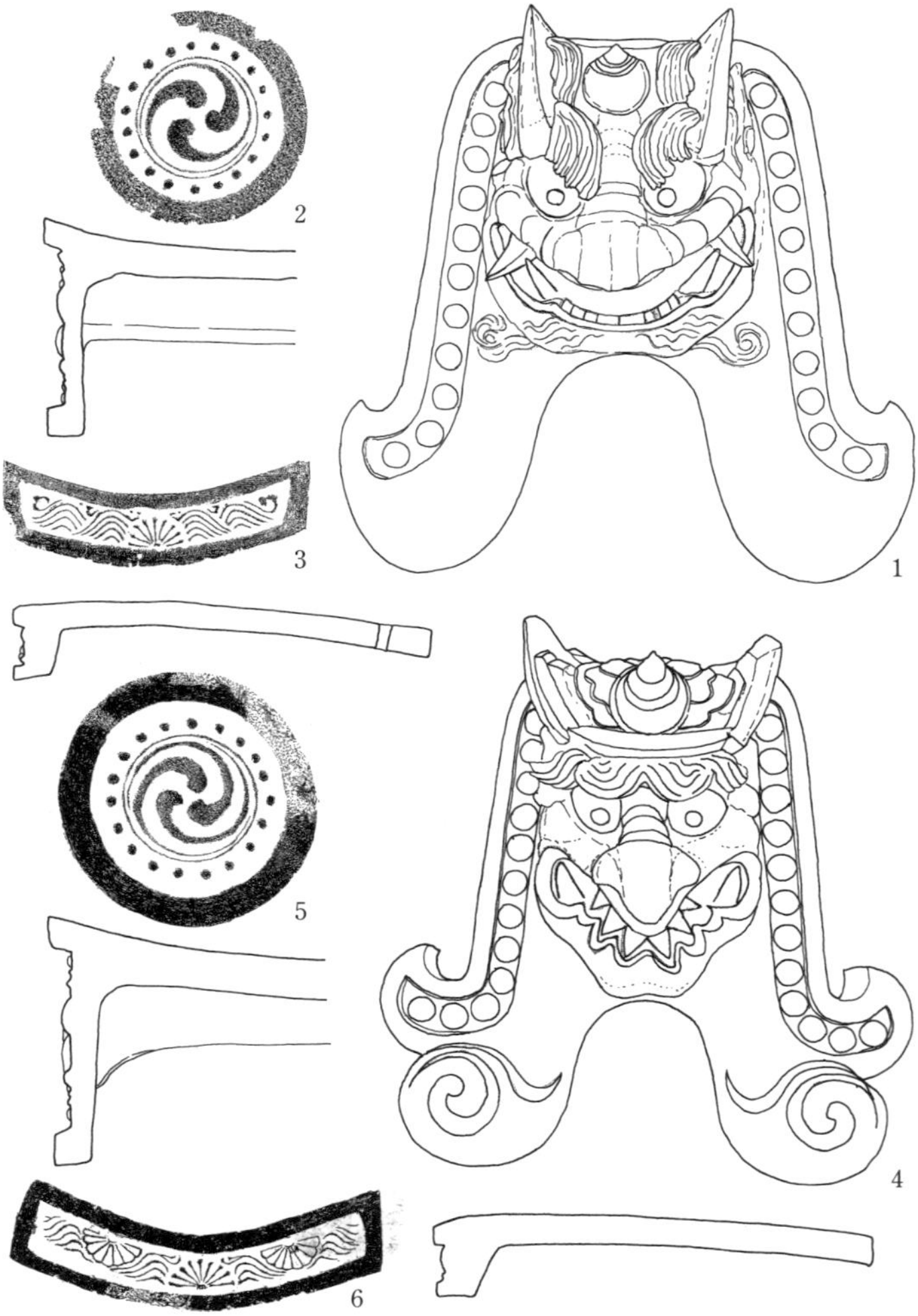

第31図　播磨橘氏の瓦（縮尺 鬼瓦は１：12，軒瓦は１：８）

１～３ 報恩寺，４～６ 円教寺

東福寺三門　二階大棟鬼瓦(6)　二階隅及降り鬼瓦(7)　一四〇五年

まず大棟鬼瓦の資料は少ないが、報恩寺大棟鬼瓦(1)は脚部が上方に反るもの（第31図1）で、大和橘氏の資料では、応永十三年（一四〇六）の法隆寺大講堂の大棟鬼瓦34A・Bに至って、はじめて脚部が上方に反る鬼瓦が出現しているのである。また、左右珠文帯の下端は、報恩寺隅及降り鬼瓦(2)では、鬼瓦下端の一歩手前で終り、区画されている。一方、東福寺・法隆寺鬼瓦(3)・(4)では、珠文帯下端は鬼瓦下端となって終る点で、古い様相を残しており、法隆寺鬼瓦(5)（一四〇四年）に至って、はじめて区画されて終っている。このように、鬼瓦の全形および細部からみると、一〇年程度は、報恩寺の鬼瓦より大和例の方が遅れている時期が確かに存在する。大和橘氏が一方的に優越していると考えるのは誤りである。

そして、報恩寺出土の菊水文軒平瓦は、同笵瓦が弥勒寺本堂地下で出土し、また酷似した文様の軒平瓦が姫路市松原八幡宮で出土している。姫路・夢前・新宮と明石が橘友重の活動範囲であり、本拠地は姫路周辺であろう。

2　十五世紀の播磨瓦大工橘氏

まず、十五世紀前半の鬼瓦・軒平瓦を観察してみよう。円教寺には、応永銘の鬼瓦がある。

㈠　所用堂宇不明（食堂展示）　応永十五年四月廿七日　ツチノエネノトシ
　　　　　　　　　　　　　　　　　　　　瓦大工左衛門尉（花押）

㈡　護法堂若天社[25]　応永十□年　□　□

㈠の鬼瓦（第31図4）は、応永十五年に瓦大工左衛門尉によって製作された棟鬼瓦であるが、これは応永十二年製作と考えられる東福寺三門の二階東妻鬼瓦と表情が酷似しており、とりわけ上下の歯をすべて三角形に尖らせ、下口縁《くちべり》の形を波状に描く点で酷似し、この二例以外に同じ特徴をもつ鬼瓦はこれまで確認されていない。また、鬼瓦全形としての、鰭付円形足元の形は、応永十三年の法隆寺大講堂の大棟鬼瓦に類似しており、この時点では、播磨と大和の鬼瓦とは、ほぼ同一の歩調をとっているとみてよいだろう。

次に円教寺の菊水文軒平瓦（第31図6）であるが、文様的には報恩寺の菊水文軒平瓦を受け継ぐものであり、応永年間の瓦と考えたいところである。必ずしも大和例と酷似するわけではないが、強いて大和例で類例したものを捜すと、「嘉吉文安（一四四一～一四四九）」と考えられる南法華寺例が、中央菊文奇数弁・左右菊文八弁で共通しており、『円教寺大講堂修理報告書』でいう、永享十二年（一四四〇）頃建設された一階築造の年代に近いものと考えておきたい。

円教寺の菊水文軒平瓦より、はるかに大和の軒平瓦に近いのは、多可郡中町に所在する瑞光寺跡・円満寺出土の半截花菱・波状唐草文軒平瓦[26]であり、これが大和の影響を受けて出現した軒平瓦であることは明らかである。大和では橘国重が製作した瓦に相当し、法隆寺の271Faが一三八三年頃、法隆寺・薬師寺の271Aが一三九八〜一四〇四年頃のものであり、瑞光寺跡・円満寺出土の軒平瓦も、後者の年代と併行する時期のものである。この軒平瓦を残した瓦工達こそ、大和の瓦工橘氏と最も深い血縁関係にあったものと推測される。

先に述べた播磨報恩寺では橘友重・御房五郎・彦次郎・六郎・藤五郎のヘラ書き銘を残し、円教寺では左衛門尉のヘラ書き銘を残しているが、大和ではこの頃、法隆寺の二つの棟札からみた瓦工名は、実を下字とする血縁グループ出身、衛門を上字とする血縁グループ、太郎を下字とする血縁グループであったが、後に五郎・三郎・次郎を下字とするグループに統一されるようになる。

播磨と大和の橘氏では、全く同一ではないが、ほぼ同じ原則に従って各人の名を付けていることは、播磨と大和の橘氏との間に、親密な関係があることを示すものである。例えば、国重と同時代に、播磨に移動した一群の橘氏の瓦工がいたこと、とりわけ御房を上字とする家系、衛門を上字とする家系などは無視できない存在である。ただ、これ以上の具体的な相互関係を提示することは、今のところ困難である。

次に、十五世紀後半の瓦について述べよう。銘文瓦として、次のものがある。

㈠　円教寺護法堂[25]乙天社鬼瓦　護法所源心　宝徳三天四月□日　大工左衛門大夫（一四五一）

㈡　円教寺常行堂[27]舞台鬼瓦　瓦大工宗重生年四十四　文明二年庚刁六月吉日（一四七〇）

護法堂乙天社
宝徳３年

護法堂若天社
応永

護法堂若天社
宝徳３年

常行堂舞台唐破風
文明２年

第32図　円教寺の鬼瓦（縮尺 護法堂鬼瓦１：９，常行堂鬼瓦１：18）

(三)　太田博太郎氏[28]によると、「円教寺（文明三年）の橘宗吉」銘の瓦があるという（一四七一）。

(四)　一乗寺五重塔鬼瓦[29]　長吏法印仙秀年行事千侍従公永運　少勧進大乗坊明豪

本願主言院永海　文明十二二年壬刁八月四日奉行栄舜清舜大工橘吉重（一四八二）

まず(一)の護法堂の乙天社棟鬼瓦は、法隆寺東院南門棟鬼瓦の長禄三年（一四五九）の「寿王大夫」（二代目吉重）の作と、鰭・足元付鬼瓦の全形、そして鬼面の表情が酷似しており、この時点までは、播磨と大和の瓦と、きわめて密接な関係があることがわかる。そして、護法堂の鬼瓦の作者は「大工左衛門大夫」であり、円教寺応永十五年銘の「瓦大工左衛門尉」の大工職の跡を受け継ぐ人物であったことも間違いないだろう。

しかし(二)の常行堂舞台鬼瓦になると、鬼瓦の全形および表情に大和の類似例を捜し出すことは難しい。顔面があまりにも横に広がりすぎているのである。さらにヘラ書きについても、鬼瓦上部の外区外縁の素文縁の位置に描く点で、これまでのヘラ書き位置とは異なっている。

また、(三)・(四)の両者は扱い方によっては播磨と大和の橘氏を結ぶ鍵となるヘラ書き瓦であるが、瓦の全体像が明らかにされないまま、瓦屋根に戻されたか、もしくは所在不明となった資料であり、単独の説明は少し困難であり、十六世紀前半の瓦と共に後で述べよう。

この時期の軒平瓦としては、菊水唐草文軒平瓦があり、護法所の宝徳三年（一四五一）銘瓦などと組み合うものであろう。なお、大和法隆寺では、二代目吉重の時代（一四四九〜一四七七）に、中心の宝珠および唐草を輪郭線で囲む軒平瓦（法隆寺268C）が使用されているが、この種の古式宝珠文軒平瓦は河内観心寺本堂などでみられるが、播磨ではまだ発見されてはいない。すなわち、確実に十六世紀後半代といえる大和系の軒平瓦が播磨で確認されていないことも、問題を不明確にしている。

3　十六世紀前半の播磨瓦大工橘氏

十六世紀前半を代表する播磨の瓦大工は、橘時吉と橘宗重である。播磨の瓦大工が「大和国西京住人」と主張するようになった最初の頃のもので現資料で確認できるのは、石峯寺瓦製供養板の「大和国添下郡西京瓦」（永正六年〈一五〇九〉）、一乗寺三重塔の「大和国西京住人大工次郎兵衛時吉作」（永正十年）であり、昭和三十七年（一九六二）の田村信成氏「播磨の瓦大工・橘氏」[30]によると、文明三年（一四七一）の円教寺の瓦に「瓦大工橘定吉大和西京」と書かれていた可能性があるという。橘時吉は、「彦次郎」とも「次郎兵衛」とも記しており、石峯寺や一乗寺の瓦の他に、永正十三年に京都の教王護国寺講堂用の瓦を製作している。

次に橘宗重の瓦は、享禄三年（一五三〇）から天文二年（一五三三）まで、円教寺常行堂・食堂、日吉神社で確認されており、橘宗重は「左衛門大夫」「二郎兵衛」とも記している。そこで、六〇年前の文明二年の円教寺常行堂の瓦にヘラ書きした橘宗重との関係が問題になる。

文明期の宗重も享禄期の宗重も鬼瓦を残しており、鬼面の表情などは類似している。さらに、鬼瓦上部、外区外縁の素文縁の位置にヘラ書きを行なう点でも共通し、両人物の製品の間に共通性が多い。したがって初代宗重（文明二年、四十四歳）と享禄期宗重（享禄三年、四十一歳）との六〇年の間には、直系の家族関係が想定され、初代宗重―（宗重）―三代目または四代目宗重（享禄期）の親子相伝が考えられる。この考えを押し進めると、永正期の橘時吉は石峯寺や一乗寺など東播磨で作品を残しているから、円教寺を中心とした瓦大工職は橘宗重で一貫しており、橘時吉と橘宗重とは密接な関係はないとの考えも生じてくる。しかし、永正十年（一五一三）の一乗寺三重塔(29)の鳥衾には次のようなヘラ書きがある。

同次郎九郎
永正拾天　和州西京住人大工次郎兵衛橘時吉作
同次郎五郎

一方、享禄五年（一五三二）の円教寺食堂(25)の丸瓦には、次のヘラ書きがある。

ヤマトニシノキヨノチニン瓦大工二郎九郎
シテノニン数小大郎左衛門三郎弥新小次郎
同ツチウチ人数四□（藤）二郎　上下七人也

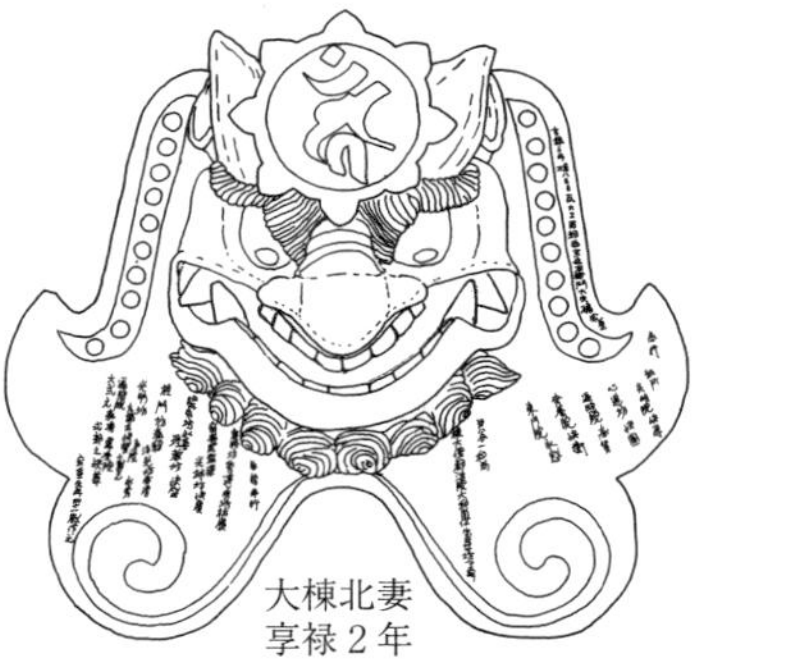

第33図　円教寺常行堂の鬼瓦（縮尺 1：21）

享禄五年南□□　□大工宗重作也　南無阿弥陀仏

前のヘラ書きでは、橘時吉の片腕の一人が「次郎九郎」であり、後のヘラ書きでは瓦大工「二郎九郎」が橘宗重であることを示している。「次郎九郎」と「二郎九郎」が同一人物であるという絶対的な保証はないが、橘時吉も「大和国西京住人」と書き、享禄期の橘宗重も「南都西京住」と書き、時期を同じくして共通した書き方をすることは、やはり播磨の橘氏としての瓦大工職の相伝を意識しての「西京住人」であると考えた方がよい。したがって、播磨の橘氏の瓦大工職の相伝は、初代宗重—時吉—享禄期宗重の順に行なわれたと考えてよかろう。そして宗重家内の父子継承は、宗重という名で統一していたのに対し、橘時吉の家系は、太田博太郎氏があげた文明三年（一四七一）の円教寺の橘宗吉まで遡って繫がるのではないかと思われる。

そして、文明十四年には、一乗寺三重塔に橘吉重の名があらわれ、一五〇〇年代に入ると播磨の瓦大工橘氏は、こぞって「大和国西京住人」と主張するようになるのである。この頃、大和の一部の瓦工が播磨へ移動した可能性は高いだろう。

昭和三十七年の田村信成氏は「憶測をたくましくすれば、中世末期に橘氏はその全部又は一部は播磨へ転じ、大和にはその系統は断絶又は消滅及至亡却してしまった(30)」と述べているのは卓見であると思う。大和の瓦工は、中・近世を通してみると、断絶がある。私は田村氏が述べる、西の京住人と書いてあってもそれは播磨に定住した人が書いたものという基本的な構想は全く同じである。ただし、十六世紀前半の播磨の瓦と大和の瓦とは、必ずしも類似するとはいえない。大和の瓦工の逃散は、河内や堺方面において多かったのではないか、と思われる。

例えば、享禄三年（一五三〇）の紀伊道成寺本堂[17]の鬼瓦には、「ヒワタ葺ノ大工南都ノ住人藤原家次二郎衛門　享禄三年庚刁三月吉日　河内国草苅郷平等寺庄」のヘラ書きがあり、その鬼面の表情は十六世紀前半の法隆寺の鬼瓦に類似している。

二つ目の例は、京都教王護国寺講堂の平瓦で、永正十三年（一五一六）の「瓦大工橘時吉」のヘラ書き銘瓦があるが、その六年後の同じく教王護国寺講堂の平瓦には、大永二年（一五二二）銘で、「カワチノクニカタノコリキサイヘノ十二ン吉長」のヘラ書き瓦を残す。これは、同じく教王護国寺講堂の瓦を作った仲間として、橘時吉と「カワチノ」吉長とが、ある種の関係をもっていることを想定させるのである。

三つ目の例は、大坂城跡出土の丸瓦に、「元亀参年　大工かわちにの　なんと之住人藤原のいえつく　同二郎右衛門尉源三郎甚三郎　宗二郎与三二郎くまちよ丸　瓦之かず万五千まい□□□□」とあり、一例目の藤原家次＝二郎衛門を四二年後に受け継ぐ家系の瓦工の製品と考えられる。

いずれにしても大和の瓦大工橘氏の周辺地域への逃散は、いくつかの場所への移動であり、そのうちの一つが播磨であり、かつ播磨の瓦工が「大和国西京住人」と強調しているのは、自らが十五世紀前半に有力となった大和の瓦大工橘国重・吉重の跡を継ぐ者であることを主張しているのである。十六世紀の播磨の瓦大工橘氏が、橘時吉、橘宗重、橘国次と名乗る理由がここにあるだろう。すなわち、それだけ十六世紀の播磨の瓦工橘氏が相当の造瓦能力をもって活動範囲を拡大したことを物語っているのである。

4　十六世紀中葉の橘国次親子

橘国次は天文三年（一五三四）の小野市万勝寺[31]の鬼瓦に初めて名前があらわれる。

亀松丸　亀千代丸
四郎興勝　三郎九郎
二郎　同　二郎三郎
大和国西京住人瓦大工橘朝臣国次作
天文三年三月六日

後年のヘラ書き瓦から年齢を数えると、国次が三十五歳の時で、子の亀松丸（のちの弥六）が七歳、亀千代丸（のちの甚六）が四歳の時の瓦である。この橘国次が、

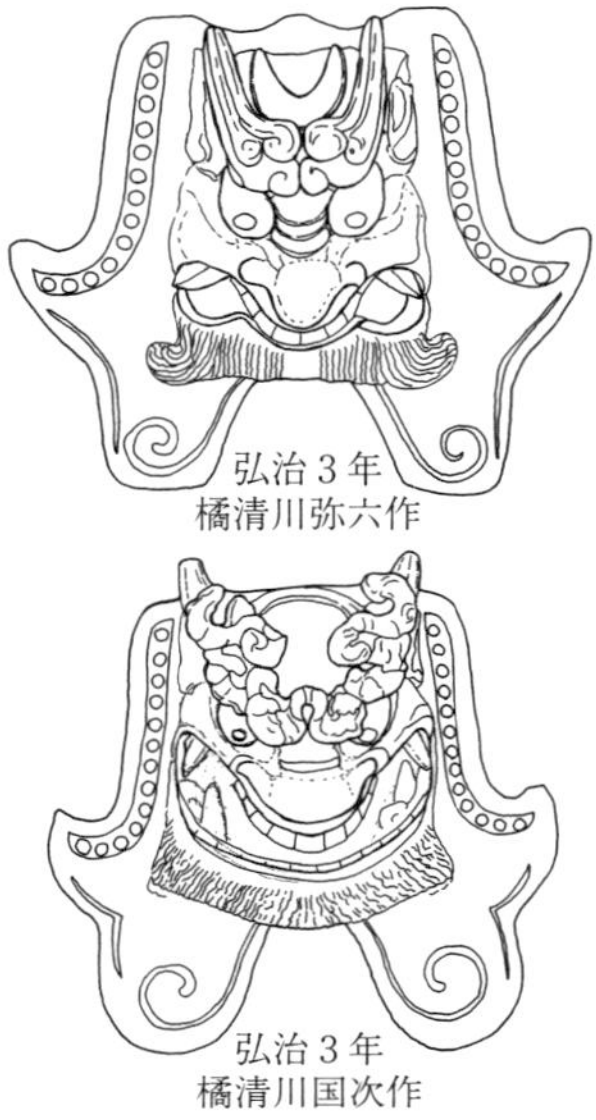

弘治３年
橘清川弥六作

弘治３年
橘清川国次作

第34図　一乗寺大棟鬼瓦（縮尺 1：24）

享禄年間の橘宗重の跡取りでないことは、享禄三年（一五三〇）の円教寺食堂丸瓦にみえる、橘宗重一派の瓦工の名と対比すると、同一名の瓦工は全く存在しないことから明瞭である。

円教寺食堂丸瓦

ヤマトニシノキヨノチニン瓦大工二郎九郎
シテノニン数小太郎左衛門三郎弥新小次郎
同ツチウチ人数四□（藤）二郎　上下七人也
享禄五年南□□　　□大工宗重作也
南無阿弥陀仏

そして国次は、天文十四年（一五四五）からは「三木住人」と播磨の瓦大工橘氏としては初めて播磨の居住地を明らかにしており、さらに橘姓以外に清川を新しく付けて、「瓦大工橘朝臣清川神左衛門尉」と名乗っている。天文十九年の正竜寺の鳥衾をみると、「瓦大工橘神左衛門

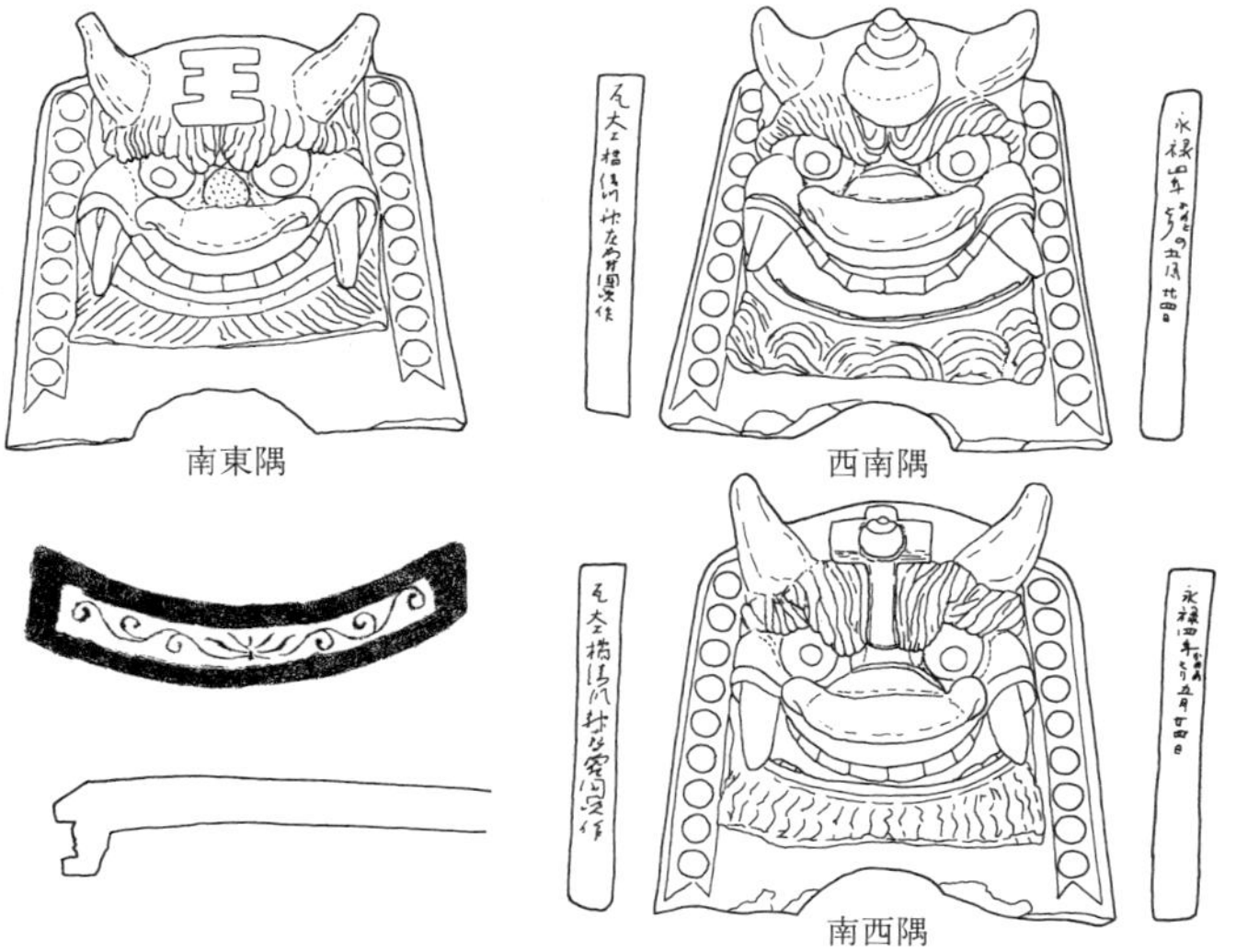

第35図　弥勒寺本堂の瓦（縮尺 鬼瓦１：９，軒瓦１：７）

国次　大和国西京住人□(今)者三本為所在地」とあり、大和国西京の出身で、今は三木之住人の瓦大工であると自称している。国次親子のヘラ書き瓦は、三木之住人と書くものが多いが、大和国西京住人と記すものも三分の一程度はある。

播磨の橘氏のヘラ書き瓦は、天文三年以降ほぼ三〇年間にわたって国次親子のものしかみられず、かつその数も多いから、橘宗重のヘラ書きが消え、橘国次が円教寺を中心とする播磨の瓦大職を継ぐという変化には、何らかの特異な事情が存在したものと考えられるが、その間の事情を示すものは残されていない。

播磨では一五年ほど、国次・弥六・甚六の瓦作りにおける共同作業が行なわれ、天文十八年になると、山城での出張製作が始まる。天文十八年六月に、八幡市念仏寺の平瓦には「播州三木之住人瓦大工弥六甚六」と記すから、二十二歳の弥六と十九歳の甚六とが山城に出向き、瓦製作を行なっていることがわかる。その後、天文二十二年には円教寺常行堂で甚六銘の瓦がみられ、甚六は播磨に戻っている。ところが、天文二十二・二十三年には山城教王護国寺で国次たちのヘラ書き瓦があらわれる。

教王護国寺鬼瓦　大和国西京住人瓦大工橘国次作　天文廿二年六月吉日

教王護国寺講堂丸瓦　大工神左衛門尉　生年五十五才

南無阿弥陀仏　天文廿三年八月吉日

大和国西之京住人大工二郎作也 まきて 大工甚六　作也

国次は天文二十二年六月に山城教王護国寺の鬼瓦にヘラ書きを残すが、翌二十三年八月には甚六の名も、教王護国寺の丸瓦に残されている。同年六月十三日には、円教寺大講堂の丸瓦に「神六作」のヘラ書きを残し、その後山城へ出かけて教王護国寺で父と共に瓦作りを行ない、再び播磨へ戻り同年九月一日には、円教寺常行堂の隅巴瓦に「神六」とヘラ書きを残している。当時二十四歳の甚六は、まさに山城へ瓦作りに行ったり、播磨へ戻ったりの状況である。父国次は数年京都に滞在しているのであろう。一方、兄の弥六は播磨での瓦作りに一貫して従事したのであろう。天文二十三年五月二十五日の円教寺食堂の丸瓦に「南無阿弥陀仏弥六　西国卅三所順礼同行只一人」のヘラ書きは、播磨西国三十三所霊場第一番札所円教寺で、父・弟と離れて一人で仕事をすることになる（甚六はまだ播磨にとどまっており、六月十三日には円教寺で瓦銘を残しているが）、一ヵ月後の自分を思って書いたヘラ書き瓦であろうか。

いずれにしても京都への瓦の供出は、播磨で瓦作りをして運ぶのではなく、教王護国寺や念仏寺など寺院の近くにおいて、京都へ出張して、瓦作りを行なっていることは明らかである。ところで、天文十六年（一五四七）頃から天文二十四年頃までの橘国次親子が製作した軒瓦は、三巴左巻軒丸瓦と宝珠唐草文軒平瓦の組み合せであり、また鬼瓦としては弘治三年（一五五七）銘の一乗寺大棟鬼瓦が知られている。ところが永禄四年（一五六一）の弥勒寺本堂の国次作の瓦（第35図）[32]をみると、軒瓦および鬼瓦の作風を変化させていることがわかる。まず軒平瓦は、五弁の中心飾りをもつ唐草文軒平瓦が出現しており、さらに鬼瓦は鼻が左右に広がり、口を大きく開けた顔には厳しさがなくなり、明るい表情の顔となっている。後述する播州英賀住人瓦大工の鬼瓦の表情にかなり近づいていることがわかる。

このように瓦の作風を変化させてから四年後の永禄八年の斑鳩寺三重塔の国次・弥六（＝六郎左衛門）・甚六（甚衛門）のヘラ書き瓦が三人の揃う最後で、後は天正甲戌年（一五七四）の円教寺食堂にみえる「瓦大工三木之六郎左衛門」が最後のヘラ書きである。

三　四天王寺住人瓦大工

1　はじめに

四天王寺住人瓦大工というのは、中世末期から近世初頭にかけてみられるヘラ書き瓦にあって、「天王寺」または「四天王寺」とヘラ書きを残す一群の瓦工達の総称である。そして、その実体は田中幸夫氏によって少しずつ解明がなされてきたが、大部分はなお霧の中にある。四天王寺住人瓦大工は、自らヘラ書きを行なった者は少なく、多くのヘラ書きは瓦を依頼した寺院造営の本願者・願主・僧・筆者（祐筆）などが残したものが多い。饒舌な橘氏の国重・吉重親子や国次・弥六・甚六親子に比べると、はるかに寡黙である。そして、関係者にヘラ書きを薦めることを忘れない達者な瓦工もいるが、大多数は全くヘラ書きを行なわない瓦工のようである。したがって「天王寺」「四天王寺」のヘラ書きのある瓦だけに分析対象を限定すると、資料数の少なさによって、具体的な瓦の全体像を提示することが困難になってくる。一方、四天王寺瓦工という自分の頭の中でこしらえた文様（主として軒平瓦の文様）を脹らませていくと、いくつかの文様群が四天王寺瓦工のものと思われてくる。そして、その中のかなりの部分は（結論として）正しかったものもあるが、またかなりの部分も微妙に誤ってしまう例も多いのである。本書も、この両者の立場の中で苦心するのであるが、四天王寺住人瓦大工を論じる際には、ヘラ書きのある瓦に考察対象を限定すると全体像が提示できないので、やはり軒平瓦の文様だけでなく、類似資料を広範囲に集めて検討する必要があるであろう。

なお、「天王寺」「四天王寺」のヘラ書き瓦が出現する以前の段階の和泉・南摂津の瓦について若干述べよう。

和泉・南摂津の軒平瓦は、古代末期から中・近世を通じて顎貼り付け式軒平瓦であり、十三世紀中頃から十五世紀末まで瓦当貼り付け式であった大和の軒平瓦とは異なっていた。四天王寺住人瓦大工の工人達は、和泉・南摂津の中世における瓦作りの伝統の中から、成長・発展してきたことは間違いないところである。そして、一四〇〇年をすぎた頃の和泉・南摂津の軒平瓦文様は、波状文軒平瓦と唐草文軒平瓦の二つの流れが併存しており、波状文軒平瓦は上向き・下向きの波が交互に配されている。なお和泉・南摂津の鬼瓦については、四天王寺住人瓦大工の製品の前段階として考えられるような、十五世紀中葉から後半代の良好な資料は、まだ知られていない。

2　紀伊の根来寺

天王寺のヘラ書きをもつ瓦で現在最古のものは、兵庫県加東郡社町の朝光寺において、過去に所蔵されていたが現在所在が不明となった瓦である。丸瓦に「タガネ彫り」で次のように書かれていたという。

大工天王寺下向ノ越後国藤原末次　其外小工七人同道
文明十三年辛丑二月十五日　始同卯月十三日作師納

朝光寺において十五世紀末から十六世紀に属する軒平瓦は二種類知られているが、そのうちの宝珠唐草文軒平瓦は天文年間の国次親子のものであることが明らかなので、他方の唐草文軒平瓦が文明十三年（一四八一）のものと考えるのが普通だが、ヘラ書き瓦が本堂に確実に伴うものかどうか、また朝光寺の軒瓦の全体像が必ずしも明らかでない点を考えると、天王寺から出張製作に出向いた瓦大工は文明十三年まで遡ること（それ以前まで遡るだろう）、藤原末次という名であること、大工・小工あわせて八人の出張製作であることを確認するにとどめておこう。

次に「天王寺」のヘラ書き瓦があらわれるのは、永正十二年（一五一五）の根来寺である。根来寺多宝塔[33]の鬼瓦には次のように記している。

永正十二年乙酉二月吉日　天王寺彌二郎 越後尉藤原時吉

また、多宝塔の雁振瓦には次のようなヘラ書きがある。

谷川嘉左衛門　永正十二年三月　日

これらの人名のうち天王寺彌二郎と越後尉藤原時吉は同一人物の名と考えてよいだろうが、谷川嘉左衛門との関係が明瞭でない。谷川嘉左衛門の名は、寛延四年（一七五一）の徳島城下や宝暦十一年（一七六一）の和歌山市総持寺にもみられるので、泉南郡岬町谷川の出身者が永正十二年の時点で、根来寺周辺で造瓦を行なっていたとみてよいだろう。根来寺と岬町谷川とは直線にして一五キロの距離にあり、根来寺の瓦工の中に、かなりの谷川出身者を含んでいるとみてよいように思われる。さらに、天王寺と根来寺との関係は、後述す

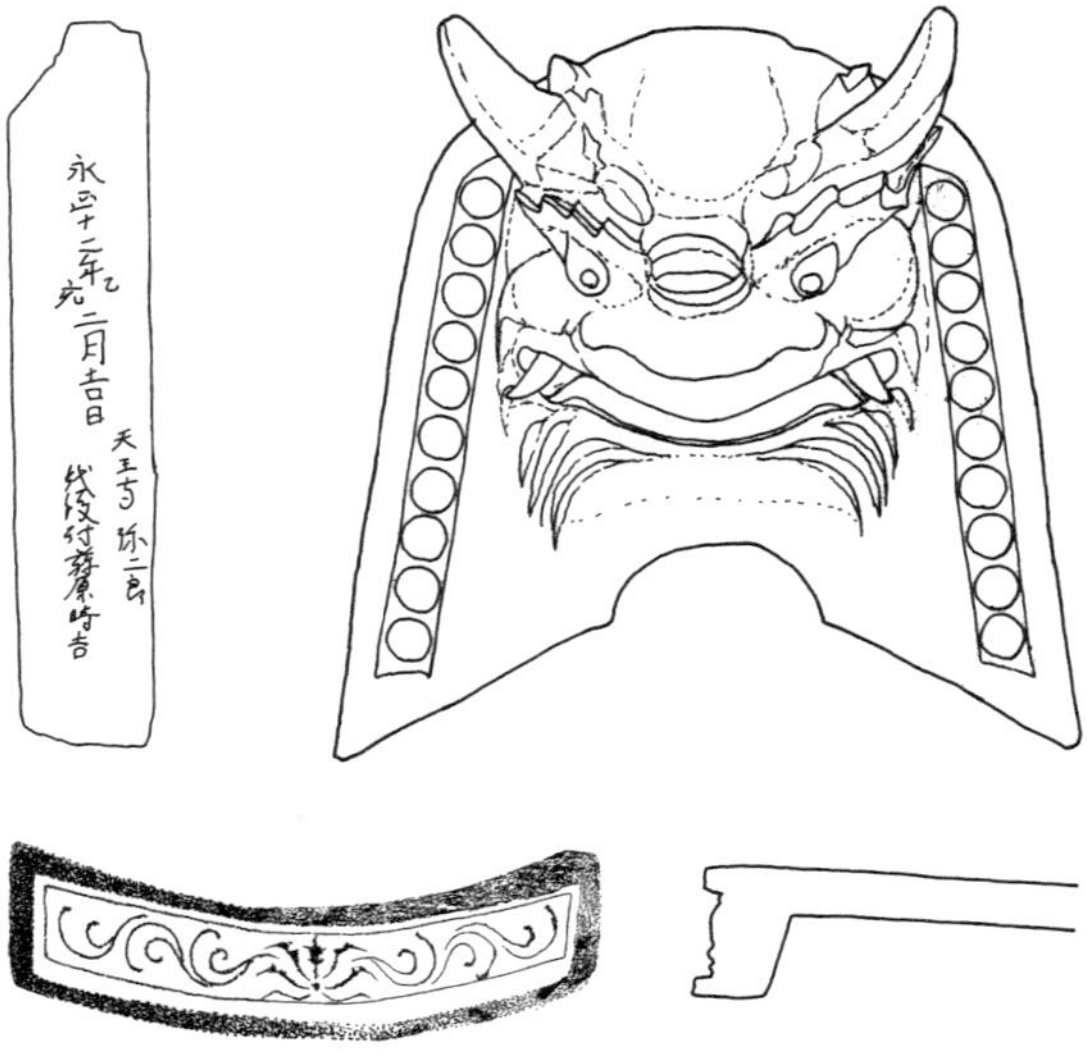

第36図　根来寺多宝塔の瓦（縮尺 鬼瓦1：12，軒瓦1：8）

る『御用瓦師寺島家文書』の中に、寺島の祖である寺島三郎左衛門が、根来寺領の支配の奉行役をして、根来三郎左衛門と称せられ、さらに根来寺焼き打ちの後は、父祖の代々の在所である四天王寺に移り住んでいるのである。(四)天王寺と称する瓦工達の多くは、北に隣接する石山本願寺へ瓦を供給したと考えられ、石山本願寺と根来寺は、十六世紀における一大寺院勢力であり、両寺院の間を行き来する瓦工達がいたと考えられる。

したがって、天王寺彌二郎越後尉藤原時吉と谷川嘉左衛門との関係は、両者が同一人物の場合と、別の瓦工の場合の両方が考えられるが、記載された報告書は昭和十四年のもので嘉左衛門の筆跡が全くわからないので、判定は困難である。ただし、一般的にみて、天王寺彌二郎越後尉藤原時吉谷川嘉左衛門は名として長過ぎるし、やはり別人と考えるのが自然であり、天王寺出身者・谷川出身者が共同で造瓦を行なう条件が当時の根来寺において整っていたと考えるのが妥当であろう。

次に根来寺多宝塔の具体的な瓦について述べよう。

まず軒平瓦は均整唐草文軒平瓦で、二本の支葉を組み合せ、三回反転した唐草文をもつもので、一本だけの支葉が反転する単純化した唐草とは異なっている。この根来寺多宝塔の軒平瓦を基点として、一五五〇年前後の根来寺において、二本の支葉を組み合せて二回反転する軒平瓦と、七弁の中心飾りをもち一本の支葉が三回反転する軒平瓦との二者が製作されている。すなわち、根来寺多宝塔の軒平瓦の文様の系統は、十六世紀中頃過ぎまで根来寺の中で継続して使用されている。

次に、多宝塔の鬼瓦は二例が図示されており、これは永正十二年銘の鬼瓦である。全体の形は内傾足元の鬼瓦で、縦・横ほぼ同じ大きさのものである。表情は厳しく、恐い顔の作りである。細部では、鼻の左右幅が広く、鬼瓦左右幅に対して約四割の幅を占め、また二本の大きな角が、直立せず内彎しつつ外方へ拡がるウシの角のようである。この特徴をもつ鬼瓦は、十六世紀末の段階でも根来寺の中で受け継がれている。すなわち根来寺不動堂の鬼瓦は、全体の装飾が多宝塔の鬼瓦より簡素にはなっているが、全形・鼻・角そして表情の厳しさはそのまま受け継いでいるのである。

このように、根来寺の十六世紀の瓦は、天王寺系の瓦の特徴をよく保持し、存続させている。

3　小豆島の明王寺と徳島の丈六寺

香川県小豆郡池田町の明王寺釈迦堂の瓦には、大工四天王寺住人と記す大永二年（一五二二）のヘラ書き瓦がある。昭和四年（一九二九）の屋根瓦葺き替えによって発見されたもので、現在も一八枚が釈迦堂内に保管されている。昭和二十九年発行の永山卯三郎『続岡山県金石史』(34)では参考資料も含めて三四点の銘文が記されている。

この資料によると大永二年三月二十三日より瓦を作りはじめたと願主権律師宥善が記し、当日には大工新三郎と宥善そして河本吉時がヘラ書きを行なっている。次のヘラ書きは四月二十日から四月末までのもので、多くのヘラ書きを残している。まず、祐筆である河本与三郎吉時の四月二十七日のヘラ書きによると、瓦工の構成は（摂州）四天王寺（住人）藤原朝臣新三郎と「源三郎、与七、新太郎、与三郎、むこ」の以上六人であり、此衆を（祐筆の血縁者と考えられる）「河本源兵衛尉」の家の船に乗せて来たと記している。むこは、別の平瓦に「あら〳〵御むこ（ゐ殿カ）新九郎殿　御こいしゃ　のう〳〵」と記す瓦工仲間のヘラ書きがあるので、名を新九郎と呼び、新三郎一家への入婿（新婚か）であろうと考えられる。ところが宥善のヘラ書きによると、

　　　源三郎　新九郎
大工四天王寺藤原朝臣　新三郎　　をも二
仍大永八月四月廿九日　与三郎　与七
　　願主　敬白　以上十人

と記され、合計一〇人で瓦作りを行なっている。また東林坊なる人物も四月吉日「瓦大工新三郎各十人」と記している。残り四人は小豆島において、土ウチなどの仕事をするため雇用したものと考えられる。宥善は五月五日のヘラ書きを残すが、これが最後のヘラ書きである。その後に、瓦の焼成および釈迦堂への瓦の葺上げが行なわれたはずであるが、その月日は不明となっている。釈迦堂には瓦製作から五年後の天文二年（一五三三）十月の棟札が残り、この時完成したことがわかる。

明王寺釈迦堂の屋根瓦は現在単一の文様の軒瓦で統一されており、軒平瓦は波状文軒平瓦で軒丸瓦

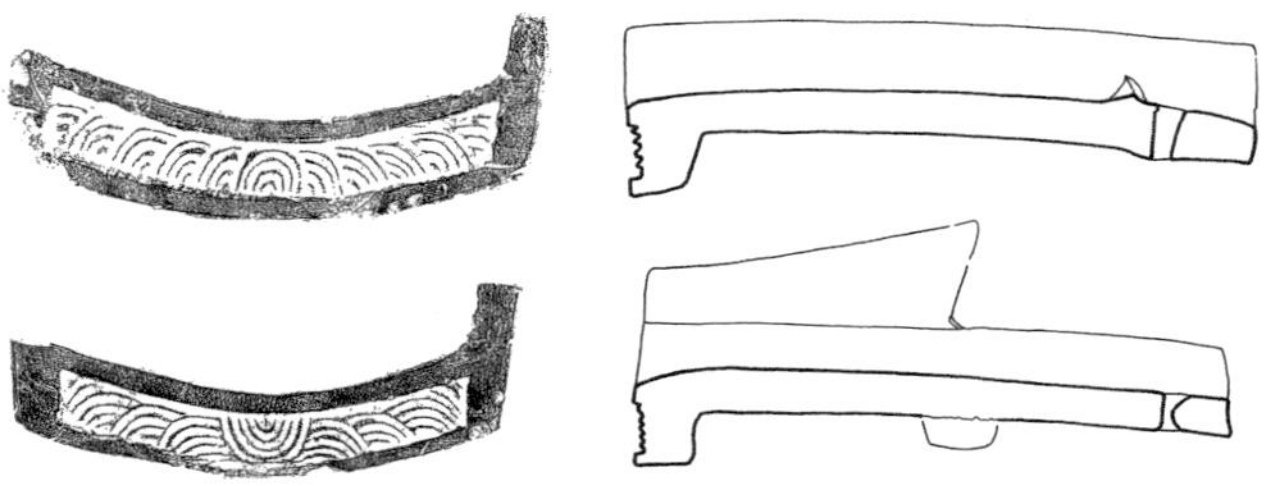

第37図　丈六寺の軒平瓦（縮尺 1：8）

は巴文軒丸瓦である。波状文軒平瓦は先行する上向き・下向き波状文を交互に配する軒平瓦と異なり、明王寺例以降では上向きの波状文を中央から左右に配するものとなっており、このタイプでは祖型の文様を保っている。この文様に酷似したものは田中幸夫氏が指摘する西宮神社例であるが、西宮神社例では波の一単位は五本の曲線より構成されるが、明王寺釈迦堂例では四本の曲線より構成される点で、西宮神社例がやや先行するかもしれない。いずれにしても、後述する淡路島の諸例が丸みの強いものとなっているのに対し、先行する西宮神社・明王寺釈迦堂例では個々の波の形が形式化せず、波の基部が左右に広がり、あたかもふんばりをみせるかのごとき形態になっているのが特徴である。

次に、徳島市丈六寺本堂・鐘楼には、天王寺大工新二郎と記す天文二十四年（一五五五）のヘラ書き瓦がある。(35)ヘラ書きに記される人名は、「天王寺大工新二郎　小工助太郎　左衛門四郎」の三人である。丈六寺の軒平瓦では、修理報告書によると三門では中央が下向きの波形をもつ軒平瓦が主体を占めている。そして、三門が丈六寺の中では最も古い建物とされ、ヘラ書き瓦は三門からは得られていないが、本堂・鐘楼から天文二十四年のヘラ書き瓦が得られている。厳密には天文二十四年九月の天王寺大工新二郎が製作した軒平瓦は不明であるが、中央が下向きの波型をもつ軒平瓦、すべて上向きの波状文軒平瓦ともに、天文二十四年から弘治二年（一五五六）までに多量に製作されたものと考えておきたい。修理報告書では、「材質工法を同じくする瓦は」永禄年間の堂宇にも使用されていると記すが、この時代は瓦製作年代と堂宇完成年とは若干のズレがあるし、さらに丈六寺の波状文軒平瓦は四天王寺出土の甲子銘波状文軒平瓦の年代（永禄七年〈一五六四〉）に比べると古式であり、天文二十四年から弘治二年にかけて丈六寺用として多量製作し、後続の堂宇のために保管していたとみたほうがよいだろう。

なお、丈六寺の中央が下向きの波形をもつ軒平瓦と同笵の瓦が、鳴門市木津城で出土しており、天王寺大工新二郎等の瓦の製作が丈六寺だけに終らず、阿波の他地域においても行なわれたことを想定させる。

4　淡路島の諸社寺

淡路島における天王寺瓦大工は、十六世紀前半代には淡路島に居を移して造瓦活動を行なうようになる。

まず、淡路島護国寺（西淡町賀集）所蔵の文書に、文明十一年（一四七九）のこととして、「大工源信明瓦師天王寺ヨリ敬白」とあって、すでにこの頃西淡町周辺では天王寺からの瓦大工の出張製作が行なわれていたことを知る。

次は、叶堂《かなど》城跡[36]にあった感応《かな》（堂《ど》）寺跡出土瓦である。感応寺は、はじめ八キロほど東方の往古土井村（倭文）にある感応山の上にあったが、ある時点で現在地へ移建されている。その移建の時期は、文政二年の『淡路草』では、永正戊辰年（一五〇八）の勧化疏一軸には、淡州三原郡委文荘の感応寺の再興状のことが書かれているから、これを信じると永正八年以降に現在地へ移建したことになるが、この一軸には万治二年の奥書もあるからその信頼性が問題となる。一方、感応寺の鐘楼の鐘銘に「敬白淡州三原□（郡）（松尾浦）感応堂推鐘（中略）文明七年乙未（後略）」とあり、さらに「大工山里藤原宗家新山寺鐘願主藤之坊性俊　天文三年（後略）」と追刻される。『三原郡史』では、文明年間に感応寺山から現在地に移建され、天文三年の追刻の際に、前文の「松尾浦」（現在の寺に近い地名）も刻まれたと考えられている。しかし、「新山寺」が伝説にあるように播磨の寺号なら、「松尾浦」の追刻は、天文三年の段階で現在地に感応寺があったことを示すだけのもの、とも解しうるのである。要するに現在地に移建された時期に決め手はなく、文明年間・永正年間・天文年間などが考えられるのである。

一方、叫堂城跡の発掘調査[36]では、叫堂城本丸北東部から三基の瓦窯を確認し、その出土瓦は波状文軒平瓦一種、唐草文軒平瓦三種などで、感応寺出土瓦のうち中世末にかかわるものはすべて、現在地の感応寺に移動してからの瓦のみであることを明らかにしている。したがって出土瓦の上限年代を決定できれば、現在地移建の年代が決定できることになる。そして、報告書では、瓦窯出土の土器のうち、最も新しい土器の年代が「十五世紀後半代」であることから、この年代が「瓦窯の築造時期」であるとしている。しかし報告書が自ら語るように、土器は「この窯で焼かれたものではないことは明らかである」から、最も新しい土器の年代よりは、さらに新しい年代に瓦窯が築造されたと考えることも充分ありうる話なのである。やはり、最終的には瓦からの年代決定が求められるのである。以下、感応寺跡出土瓦をみていこう。

まず鬼瓦（第38図4・5）は破片だが、側面に「大工天□」「□王寺小野光仙」のヘラ書きがあり、鬼面は鼻の左右幅が広く、鬼面左右幅に対して約四割の幅を占め、また二本の大きな角は内彎するウシ角形のもので、天王寺系の鬼面の特徴を有している。そして、鬼面の左右両脇の珠文帯の下端は、内傾足元の底部近くまで降りており、永正十二年銘のある根来寺多宝塔の一体の鬼瓦に近く、後述する天文六年（一五三七）の河上神社の鬼瓦とは異なっている。したがって鬼瓦は天文年間ではなく、永正年間までは遡るもので、文明年間の可能性も若干残っている。

次に、中央に「石」の文字を配する波状文軒平瓦について述べよう。波状文軒平瓦は十五世紀代のものは上向き、下向きの波が交互に配される片側に偏行する波状文であるが、十六世紀中葉前後のものは上向きの波状文のみが左右対称に並ぶ均整の波状文となり、この感応寺の波状文軒平瓦はその中間にあって、下向きの波状文が片側に偏行するものであり、十五世紀末から十六世紀初頭のものである。永正年間の可能性が最も高いと思うが、文明年間ではありえないと切り捨てることはできない。なお、この波状文軒平瓦は平瓦部凸面に長方形の横桟をもつ。他の三種の均整唐草文軒平瓦は、平瓦部凸面に帯状で両側縁まで達する横桟があり、十六世紀中葉のものが主体をなすとみてよいだろう。

次に淡路でヘラ書きを残す瓦工は、天文六年（一五三七）以降の小野光弘である。

まず、津名郡五色町の河上神社(37)では拝殿の屋根葺替えの際に、ヘラ書きのある鬼瓦と丸瓦が発見されている。鬼面側面には「大工天王寺淡州将　小野ミツヒロ」のヘラ書き、丸瓦凸面には、「天文六年卯月廿八日（中略）于時大工ヲノ、ミツヒロ」のヘラ書きがある。鬼瓦の銘は隅二の鬼の二体に書かれているが、他の棟鬼一体、隅鬼二体、他の隅二の鬼一体も同巧のものであり、天王寺系の鬼瓦として数が最も揃うものとして貴重である。全体形・表情・鼻、二本の角などは天王寺系の鬼瓦の特徴をいかんなく発揮している（第38図1〜3）。

次に、河上神社の軒平瓦については、波状文軒平瓦一種と均整唐草文一種が図示されている。波状文軒平瓦は中央一波が下向き、左右の他の波は上向きであり、波相互が直接に接することなく分離し、波の皺の先端に小点珠を配する点で、感応寺の波状文軒平瓦と共通する特徴を残している。この波状文軒平瓦は西淡町志知の長寿院例と同笵である。

二年後の天文八年（一五三九）のヘラ書き瓦としては、三原郡緑町所在の庄田八幡神社拝殿(37)の瓦がある。この神社のヘラ書き瓦はすでに享保十五年（一七三〇）の『淡路常盤草』に記され、さらに安政四

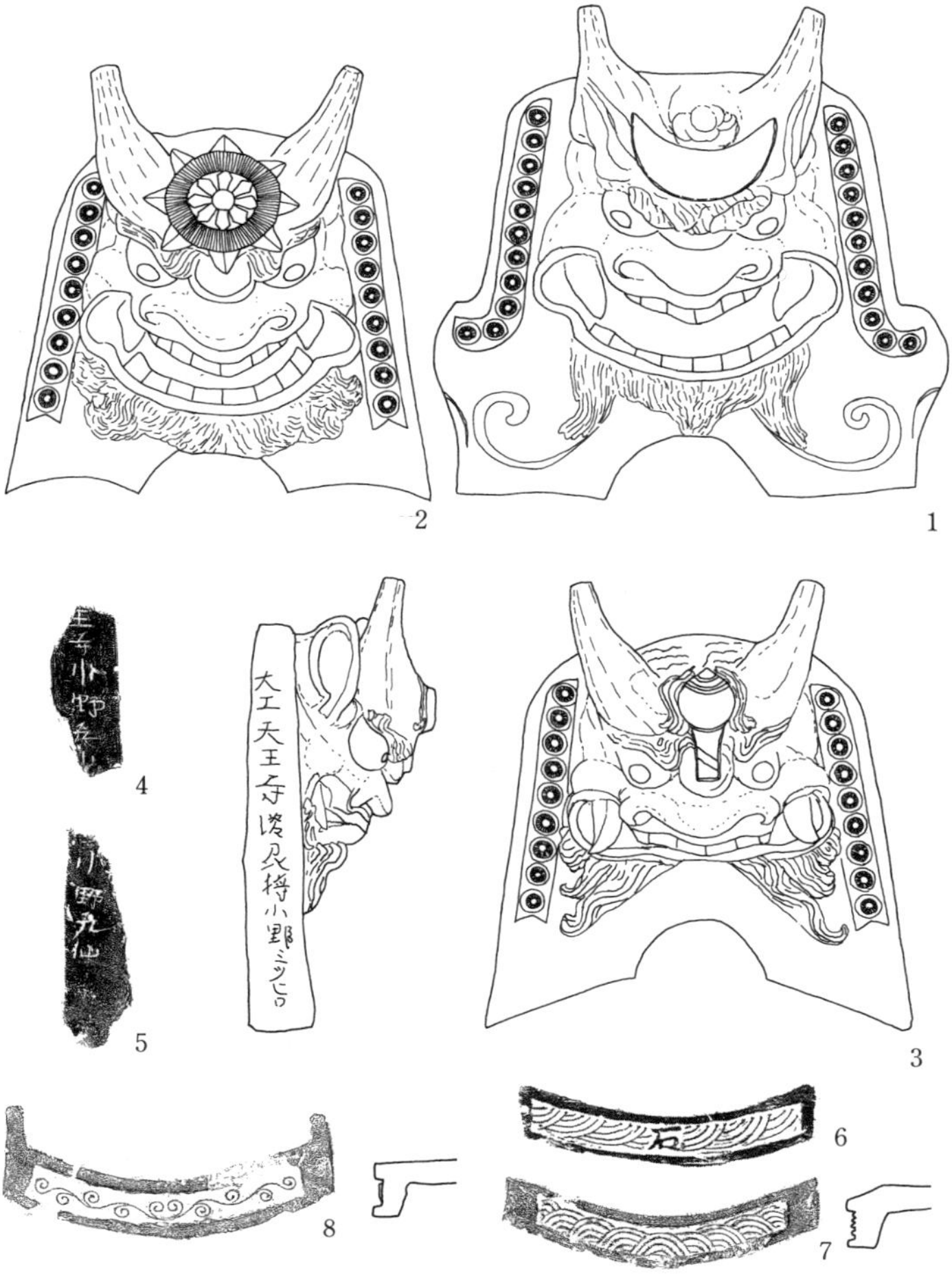

第38図　淡路島の天王寺瓦大工の瓦（縮尺 1～3は1：11，4～8は1：8）
1～3・8 河上神社，4～6 叫堂城跡，7 庄田八幡神社

年（一八五七）の『味地草《みちくさ》』には、「諸社造営、大工殿ハ五郎左衛門光弘淡州□村小工ハ天王寺より二人御下り候、本願加地左京之進、同加地六郎兵衛、坊主権少僧慶信、天文八年三月」と記すが、この瓦は行方不明となっている。また現存する瓦で、平瓦凹面には「御大工者天王寺ニ本者住今者　淡州八太ニ住五郎左衛門光弘　淡州尉ト申物也天文八季三月十五日」と記す。八太は幡多で、西淡町と緑町の中間に位置する今の榎列・掃守の地と考えられる。西淡町・緑町・五色町を囲む一〇キロ四方内に、護国寺・感応寺・河上神社・庄田八幡神社・平等寺などが分布しているが、これらのほぼ中間に居住していたのであろう。

庄田八幡神社の軒瓦は波状文軒平瓦一種（第38図7）、均整唐草文軒平瓦二種がある。現在の庄田八幡神社拝殿では波状文軒平瓦が二点葺かれているだけで、他は河上神社と同笵の均整唐草文軒平瓦が屋根に葺かれている。ただ現状以前の状態については情報を得ることができない。

次に三原郡緑町の平等寺においては、天文八年の丸瓦「大工□（頭カ）者天王寺之五ろさえもん（後略）」と、天文十二年の鳥衾瓦「薬師堂之かわら也　大工者天王寺住（後略）」などが知られている。軒瓦は波状文軒平瓦一種と均整唐草文軒平瓦一種があり、いずれも庄田八幡神社と同笵のものである。

以上のように、天王寺出身で今は淡路島八太に住む瓦大工五郎左衛門小野光弘は、必要な時には天王寺から小工を呼びよせ、天文六年・八年・十二年銘のヘラ書き瓦を残したのであった。鬼瓦は河上神社のものが良好な資料を提示しているが、軒瓦では三社寺とも波状文軒平瓦と均整唐草文軒平瓦を残すが、どの軒平瓦がそれぞれの天文六〜十二年のへラ書き瓦に対応するのかなどは、まだ不明な点として残っているのである。

5　播磨の斑鳩寺と鶴林寺

揖保郡太子町の斑鳩寺には弘治三年（一五五七）銘の講堂用鬼瓦があり、それが新宮町仙正の八幡神社(38)や龍野の聚遠亭に流出したというのが田中幸夫氏の見解である。新宮町仙正の八幡神社所蔵の鬼瓦左側面には、「弘治三年二月廿二日大工四天王寺源左衛門尉藤原家次　檀那赤松下野守政秀公本願昌仙大法師」のヘラ書きがある。鬼瓦は内傾足元をなし、縦横ほぼ同じ大きさで、表情は厳しく、また鼻の左右幅が広い点で、天王寺系の鬼瓦の特徴を有している。組み合う軒平瓦は中心飾り五葉文で五回反転の唐草をもつ軒平瓦である。

次に加古川市鶴林寺には、永禄六年（一五六三）銘の護摩堂のヘラ書き瓦、永禄九年銘の常行堂のヘラ書き瓦がある。護摩堂大棟西の鬼瓦には、左側面に「本願安養院春祐法印　三月下旬」、右側面に「大工藤原美濃藤二良　永禄六年」とある。また常行堂には、永禄九年銘の鳥衾二点があり、次のように記す。

一点　大工摂州天王寺藤原末次与宗左衛門尉作　当寺住僧安養院　春祐

□（鶴）林寺常行堂瓦成時本願　　時永禄九年二
月中旬ヨリ　始作畢
一点　大工天王寺末次　　　春祐
播州明石宗吉　　安養院
□□□□（林寺常行）堂再興瓦葺時本願　　□禄九年
二月吉日作始也

鶴林寺では唐草文軒平瓦で「本願春祐」とヘラ書きされた瓦が田中幸夫氏により紹介[26]されており、これと同笵の軒平瓦が護摩堂では南面・西面に主体的に葺かれ、北面・東面では他の軒平瓦と併用して用いられている。また常行堂では、北面・西面に当初瓦が葺かれ、南面・東面では、この文様の瓦を模作した新作の補足瓦が用いられている。そして常行堂に使用されたこの文様の瓦には、「鶴林寺常行堂唐□□五十枚□□」の墨書があったという。以上からみると、永禄六年の護摩堂の軒平瓦も、永禄九年の常行堂の軒平瓦も、同

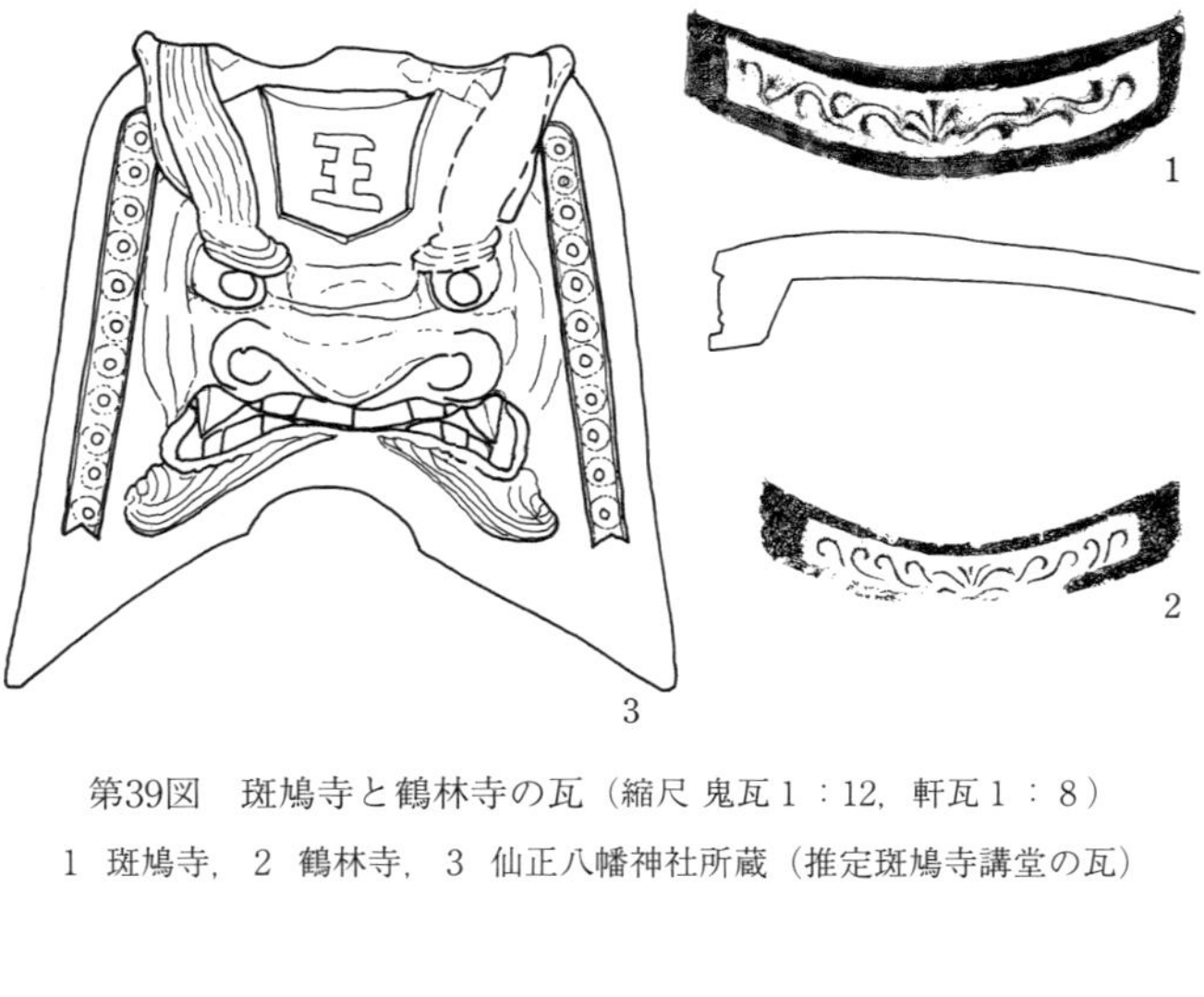

第39図　斑鳩寺と鶴林寺の瓦（縮尺 鬼瓦1：12，軒瓦1：8）
1　斑鳩寺，2　鶴林寺，3　仙正八幡神社所蔵（推定斑鳩寺講堂の瓦）

じ范型による均整唐草文軒平瓦一種であったとみられるのである。

一方、永禄六年の瓦大工と、永禄九年の瓦大工とは同一の人物であろうか。

永禄六年は、「大工藤原美濃藤二良」。

永禄九年は、「大工摂津天王寺藤原末次与宗衛門尉　播州明石宗吉」。

永禄六年銘のもの、そして永禄九年銘のものも、おそらく本願春祐によるヘラ書きであり、筆跡による個人の区別はできない。そして、両方とも藤原姓は同じだが、一方は「藤二良」、他の一方は「天王寺藤原末次与宗衛門尉」で、併せて「播州明石宗吉」であり、別人と考えた方がよいだろう。軒平瓦の范型は永禄六年に使用した後、鶴林寺に納入され、永禄九年には再び使用されたと考えられる。

6　天王寺住人瓦大工の組織成立の意義

天王寺住人瓦大工が作った瓦群の特徴、および天王寺周辺の瓦工組織のあり方、さらにその発展の経緯について述べよう。

まず、天王寺住人瓦大工と記す瓦の特徴は次のようである。

第一に、鬼瓦は隅鬼・降り鬼では縦・横ほぼ同じ大きさで、全形は内傾足元の鬼瓦が多く、表情は厳しく、恐い顔の作りである。細部においては、鼻の左右幅が広く、鬼瓦左右幅に対して約四割の幅を占め、また二本の大きな角は、直立ではなく内彎しつつ外方へ拡がるウシの角のようである。根来寺多宝塔・感応寺跡・河上神社・斑鳩寺の鬼瓦がある。

第二に、軒平瓦文様で多用される文様は波状文であり、感応寺跡例が古く、次いで明王寺例が続き、さらに河上神社例（長寿院例と同笵）の波状文軒平瓦がある。淡路島の庄田八幡神社・平等寺例と徳島の丈六寺例を比べると、文様的には後者が古いようにも思われ、丈六寺例の笵型作製は天文二十四年以前に遡るのかもしれない。

第三に、軒平瓦の文様でもう一つ多用されるのは唐草文様であり、根来寺多宝塔例が四天王寺系唐草文の祖型の文様の一つとなっている。この二本の支葉を組み合せ三回反転させる唐草文様は、根来寺では十六世紀中葉においても存続しているが、天王寺周辺の地域では大坂城下層では二回反転のものがあるだけで、少ない。大坂城下層では、唐草文の巻きの単位が、一回反転ごとに明確に分離せず、上・下・上・下の唐草の巻きが少しずつ位置をずらせて巻きを進める唐草文が多い。このタイプは斑鳩寺の唐草文様と共通している。

もう一つの大坂城下層出土の唐草文軒平瓦は、内・内と支葉を巻いて、次に外に支葉を巻きつけるもの。これとは少し異なるが、外・外と支葉を巻き、次に内に巻き、最後に外に支葉を巻きつけるものが鶴林寺にあり、唐草の単位と巻きを複雑にするのが、天王寺瓦大工の好みの一つであるようにみえる。

第四に、軒平瓦の平瓦部凸面に引っ掛け瓦としての長方形突出部を作ることである。これらは丈六寺・感応寺・河上神社・鶴林寺の軒平瓦において認められる。一方、大和系の引っ掛け軒平瓦では、平瓦部凸面の突出部は帯状をなし、両側縁まで達している点が異なっている。

次に天王寺住人瓦大工の居住地および造瓦組織のあり方について推定したい。

まず天王寺住人瓦大工であることから、四天王寺周辺であるのは間違いない。ただし、四天王寺の寺域内に住むことはありえず、寺域に隣接して居住したものと考えられる。そして、ヘラ書きに書かれた瓦大工名をみると、

藤原末次（一四八一年の朝光寺が初見、一五六六年の鶴林寺で再見）

藤原家次（一五五七年の斑鳩寺が初見、一五七六年の西国寺で再見、一六〇四年の妙法院で再々見）

淡路島へ進出した小野光仙・光弘の家系

藤原新三郎・新二郎の系統（明王寺の藤原新三郎、丈六寺の藤原新二郎）

藤原美濃藤二郎（鶴林寺、一五九〇年の肥前名護屋城では美濃住村与介の名がある）

などの瓦大工はヘラ書きを残しており、ヘラ書きを残さないものも含めると、相当数の瓦屋が存在したのであろう。彼らは、四天王寺周辺に住んだのであるが、十六世紀になってこの場所に急に瓦屋が増加したのは、四天王寺の瓦葺き換えを主要な目的として居を定めたのではなく、北約三キロに位置する「石山本願寺」の造営に伴う瓦葺きを目的としたものであっただろう（後述）。そして、最も瓦需要

の高い地区の近隣で瓦作りをするのが基本であるが、彼らは造瓦能力を充分に拡大させており、西国各地にも進出するようになったものと考えられる。

朝光寺では八人、明王寺では六人、丈六寺では三人の大工・小工がそれぞれの地に赴き瓦を製作するために移動した。移動手段は主として船であり、明王寺造瓦に際しては六人の瓦工を、船で直接天王寺から小豆島へ運んだのであろう。造瓦におけるツチウチなどの初歩的な仕事は在地で人を雇用したのであろう、明王寺での雇用人数は四人である。

このような天王寺周辺に居住する瓦工人達は、大規模な瓦生産事業に従事する中で、これまでの造瓦体制とは異なる状況を作りだしたものと考えられる。すなわち大和の瓦大工橘氏や播磨の瓦大工橘氏は、世襲の惣領が相伝する大工職が原則であり、そこに血縁関係に基づく中世的な家父長制の特質を強く持っていた。しかし、中世末期の瓦大工職譲渡が非血縁的に行なわれるようになると、血縁による労働力結集は一般的でなくなり、同じ階層の瓦屋が地縁的な横の結合で結ばれはじめるようになる。「石山本願寺」の多量の瓦生産需要に対応するため、同規模で同じ階層の瓦屋が、四天王寺周辺に集住しはじめたのであり、その全体をまとめる実力者はまだ出現していないが、四天王寺住人瓦大工は播磨の瓦大工橘氏と時を同じくして造瓦を行なっているのであり、組織結合のあり方において近世の体制へ一歩を進めた造瓦集団であっただろう。

このように、十六世紀前半代の天王寺の瓦工集団の発展にとって、石山本願寺の存在を無視しては語れないのである。すなわち大坂（石山本願寺）は「日本一の境地」であって、交通の便に最も秀れ、「日本の地は申すに及ばず」「売買利潤、富貴の湊」であった。天正八年三月には、石山本願寺と織田信長の間に講和が成立し、石山が開城されたが、たまたま火を発して「余多の伽藍一宇も残さず、夜日三日、黒雲となって、焼けぬ」（『信長公記』）と記されている。つまり、本願寺が石山を本山にしてから約五〇年間位の間に、三日三晩焼けつづけるほどの伽藍が継続して造営され続けたのであり、これが石山本願寺から南三キロに位置する四天王寺周辺に、瓦工が集住しはじめた理由だったのである。

四　播州英賀住人瓦大工

播州英賀住人瓦大工というのは、織豊期前後のへラ書き瓦にあって「播州阿加之住」または「英賀瓦大工」「播州姫路」「安賀住」などのヘラ書きを残す一群の瓦工達の総称である。この瓦工を最初に論じたのは有本隆氏(31)であり、次いで田中幸夫氏(39)は「姫路市の英賀を本拠にして活躍した姫路系瓦工」として、姫路城瓦も含めた議論を展開している。この瓦大工の全体的な姿は、織豊期関係のⅢで検討することとし、この章では、戦国末期にあらわれた亀山本徳寺と妙京寺の二寺院の瓦についてのみ、ふれることにしたい。

まず、播州英賀瓦大工のへラ書きのある最古の瓦は、亀山本徳寺所蔵の鬼瓦で、紹介者によって若干文字の相違はあるが、おおよそ次のようである。

片方に、「永禄九年八月二十七日　播州英賀東瓦大工之宗右衛門符作之　亀倉橋又二郎」

他の片方に、「三木宗大夫入道慶栄作之　亀倉橋又次郎」

有本氏(40)によると、三木宗大夫入道慶栄は飾西郡仮屋村に住み、英賀御堂に梵鐘を寄進した願主で、

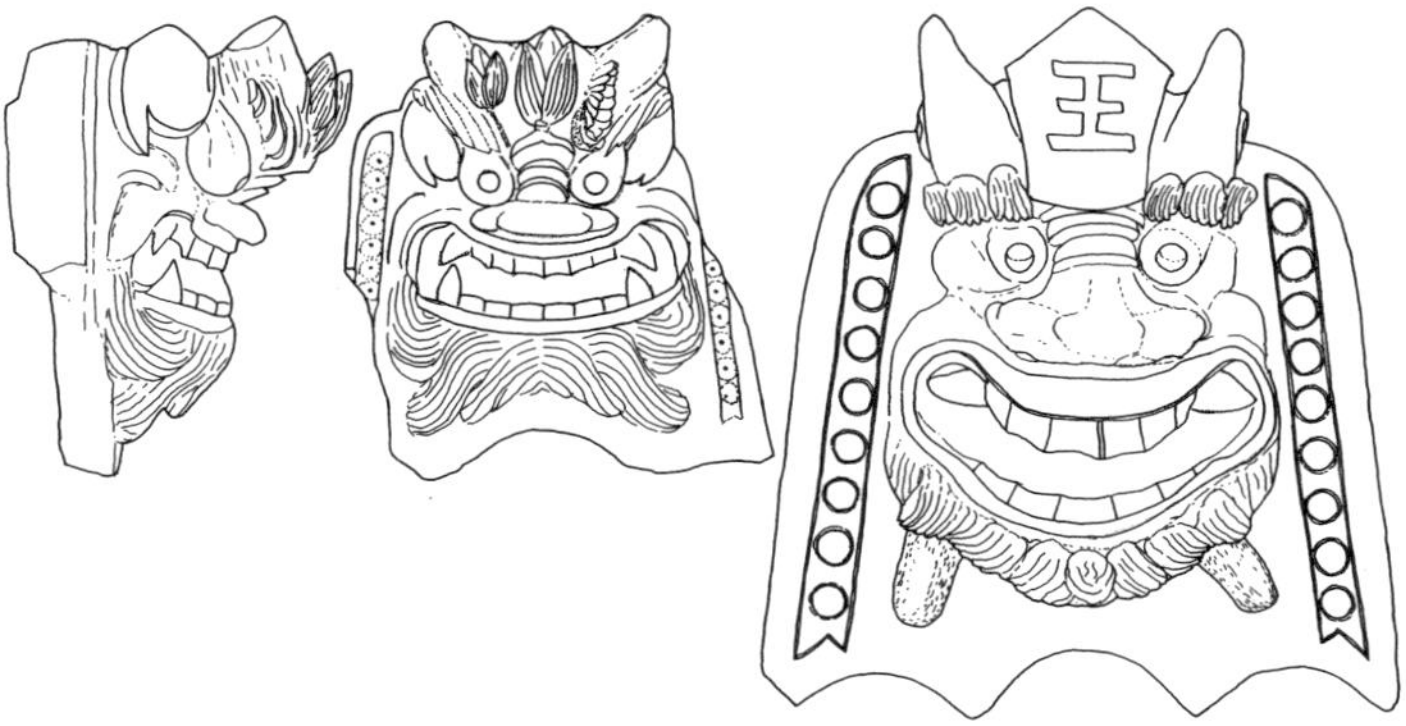

第40図　播州瓦大工の鬼瓦（縮尺 1：12）
右＝亀山本徳寺所蔵の鬼瓦，左＝妙京寺の鬼瓦

瓦大工は宗右衛門であり、亀倉橋又二郎は銘文を記した人であるという。一方、鬼瓦を観察した小林平一氏[41]は、その鬼面は「誠に大胆で柔和な表情」であり、表は「最低、三回位磨き上げ」、裏面にも磨きをかけており、「其の入念極まりない技法は只だ只だ感嘆するばかり」で、「日本一精魂こめて作った鬼瓦」であると絶賛している。

亀山本徳寺は、もと英賀御堂と呼ばれた英賀本徳寺を天正八年（一五八〇）の秀吉による寺領寄進によって、現在地亀山に移築されたものであり、この鬼瓦は元来英賀本徳寺のものとされている。そして、英賀本徳寺のものと考えられる軒平瓦が紹介されているが、永禄九年（一五六六）銘の鬼瓦と組み合う軒平瓦を限定できないので、ここではふれない。

鬼瓦については「大胆で柔和な表情」とする小林氏の指摘が重要である。すなわち、十六世紀においては、播州英賀住人瓦大工が製作した鬼瓦はすべて「柔和な表情」なのであり、一方、大和橘氏の鬼瓦、播磨橘氏の鬼瓦、四天王寺住人瓦大工の鬼瓦などは、いずれも厳しく恐い顔の表情なのである。そして本徳寺の鬼瓦の鼻は左右に広がる幅の広いもので、その点は四天王寺住人瓦大工の製品と共通している。ただ、播磨の橘氏の鬼瓦と全くつながらないかといえば、橘国次はその作風を途中で変えており、永禄四年の弥勒寺本堂の鬼瓦では、鼻が左右に広がり、口を大きく開けた顔には厳しさがなくなり、明るい表情の顔となっているのである。

この点は永禄四年の弥勒寺の軒平瓦と、英賀住人瓦大工がかかわったとみられる置塩城の軒平瓦との類似などを併せて考えても、「播州英賀住人瓦大工」の成立に際して、播磨の橘氏の影響は少なからずあったのではないか、と考えられる。この点は妙京寺の瓦において、もう一度検討してみよう。

次に、淡路島の津名郡一宮町の妙京寺鬼瓦[42]には、右側面に「氏橘朝臣　□(天)□(正)六年八月」（一五七八）、左側面に「□(阿)□(賀)源六作」のヘラ書きを残す。一方、妙京寺の棟札には「天正六戊寅十月廿八日　番匠頭領尼ヶ崎本興寺大工与左衛門　大工大町与三郎　瓦大工阿賀与三衛門」と記され、瓦大工阿賀与三衛門が阿賀源六である可能性は高い。ここで注目されるのは、後続する播州英賀住人瓦大工の姓には藤原姓が多いのに対し、この妙京寺の鬼瓦には橘姓を記すことである。ここに播磨の瓦大工橘氏とのかかわりが想定されるのである。そして、鬼瓦をみると、本徳寺の鬼瓦ほど「柔和な表情」ではないけれども、大和橘氏や四天王寺住人瓦大工の製品ほど厳しい表情はなく、なお明るくみえる点は本徳寺の鬼と共通している。そして、鼻の幅の広さも特徴であるが、田中・土橋氏が指摘する「歯の特徴」

が重要である。すなわち、一つ一つの上歯の先端を内彎形に描く点が本徳寺鬼瓦・妙京寺鬼瓦ともに共通しており、さらに播州英賀住人瓦大工の鬼瓦全体にも共通した特徴なのである。さらに付け加えると、橘国次による永禄四年の弥勒寺本堂の鬼瓦三点のうち一点には、やはり同一の特徴が認められるのである。

ところが、妙京寺の軒平瓦をみると、播磨の橘氏を想定させるような要素を見出すことはできない。すなわち、妙京寺の軒瓦は、巴文軒丸瓦と葉脈をもつ三葉文を中心飾りにもつ唐草文軒平瓦で、軒平瓦は多くの同笵関係にあることが指摘されており、一九九五年の黒田慶一氏の論文(43)では、美作篠葺城（天正五年）→淡路妙京寺（天正六年）→備前静円寺（天正七年）→大坂城（天正十二年頃？）→備前岡山城（天正十九年頃）の順で移行したことが主張されている。ただし、紀年銘の瓦とか、笵の磨耗とか笵傷進行の状況とかで、この順番に必ず瓦が製作された、ということが裏付けされているわけではない。そして、妙京寺の軒平瓦では、平瓦部凸面に長方形の突出部を作り出しており、この点は帯状の突出部をもつ播磨の橘氏が製作した軒平瓦とは全く異なっており、四天王寺住人瓦大工の作った軒平瓦との共通性を示しているのである。

このように、播州英賀住人瓦大工の製品は、播磨の瓦大工橘氏と四天王寺住人瓦大工との中間的位置にあって、両方の特徴をうまく取り入れながら成長しはじめた瓦工集団であったとみることができよう。

Ⅲ　織豊期の大規模瓦生産

一　大和と播磨の瓦大工橘氏のその後

大和の瓦大工橘氏は、大永四年（一五二四）の法隆寺綱封蔵の瓦にみられる「ニシノキヤウ瓦大工吉シゲ」が最後であり、その後は法隆寺東院鐘楼の鳥衾銘にみられる「天文十七年戊申十一月大工兵衛三郎」へと替っている。「兵衛」「衛門」などの名は、天正四年（一五七六）の西国寺の「四天王寺渡辺宗兵衛」や、天文二十四年（一五五五）の丈六寺の「天王寺（中略）左衛門四郎」のように、四天王寺住人瓦大工の系統がよく使用する名であり、少なくとも橘氏の系統は中断していることを示すものである。ただし、兵衛三郎のヘラ書きのある鬼瓦をみると、表情には厳しさが残り、鼻も左右に広がっておらず復古調のものであり、大和の橘氏の鬼瓦のスタイルに近づけた表情となっている。

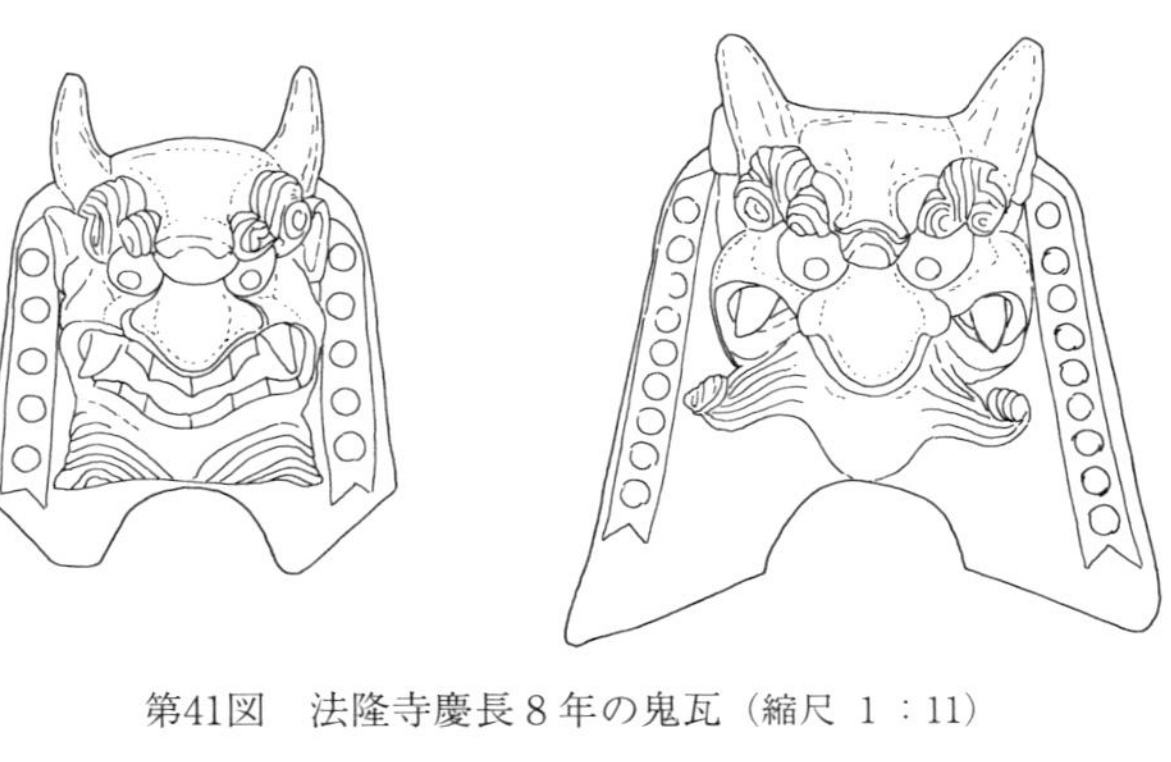

第41図　法隆寺慶長８年の鬼瓦（縮尺 1：11）

その後、法隆寺では五五年の空白があり、慶長八年（一六〇三）のヘラ書き瓦には、新右衛門尉四十七歳とその子、瓦大工利介十四歳の名があらわれる。慶長十一年の法隆寺南大門棟札には「瓦大工藤原宗次　藤原家次」の名があり、聖霊院・三経院棟札には「瓦大工　藤原新右衛門宗次　藤原甚三郎家次」の名がある。ヘラ書きを多く残した利介は、慶長十年以降元和四年（一六一八）まで理介の銘を残す。理介（利介）のヘラ書きを残す鬼瓦をみると、鼻の左右幅は狭くなっており、歯の表現などには播州系の鬼瓦の特徴もみられ、慶長八年銘の鬼瓦（57C）には全形が四天王寺系の内傾足元に近い形をしたものもあらわれている。慶長八年の段階では四天王寺系と播州系の要素は、相互に混合されている時期でもあり、二つの要素を組み合せて独自の鬼瓦を作り出しているとみてよいだろう。

以上のように、天文十七年（一五四八）以降、法隆寺では瓦大工橘氏の系統は消えることとなり、江戸時代に新たなる系統が入り込んでくるのである。

播磨の瓦大工橘氏は、国次・弥六・甚六の親子三人の名が揃うのは永禄八年（一五六五）の斑鳩寺三重塔例が最後で、後は天正二年（一五七四）の円教寺食堂の丸瓦にみえる「瓦大工三木之六郎左衛門」があるのみである。その後は、甚六の子供かと考えられる「甚九郎同甚八両作」銘の平瓦（天正十二年）が大坂城三の丸跡から出土しているのみで、播磨の瓦大工としての橘氏は消息を絶つことになる。子孫や弟子達が造瓦にその後従事したとしても、十六世紀前半代から中頃にかけてみられたような精力的な造瓦活動は、織豊期においては捜し出すことができない。

二　織豊期の四天王寺住人瓦大工とその後

織豊期の瓦塼で、「四天王寺」または「四天王寺住人」と記すのは、次の三つの例があるだけである。

一、広島県西国寺三重塔鬼瓦

奉修造貴賤上下利ニ円満所勧進沙門隆遍同東坊宥深

右大工者四天王寺渡辺宗兵衛藤原家次

天正四年拾月吉日

一、高知県吸江寺出土塼

土州吸江菴待月之棟瓶也　天正十六年五月十日作之

大工者四天王寺之住藤原　朝臣広源衛門作之也（後略）

一、佐賀県名護屋城出土丸瓦

天正十八年

第42図　名護屋城の瓦（縮尺 1：4）

四天王侍住人藤原朝臣美□（濃）
住村与介
五月吉日　吉

以上三例のうち、西国寺は鬼瓦に銘文あるのみで、鬼瓦およびそれに伴う軒瓦についての詳しい情報を得ることはできないし、吸江寺も塼の銘文のみであり、軒瓦についての情報を全く得ることができない。したがって、四天王寺住人瓦大工の織豊期の動向を捜す手がかりは名護屋城出土例のみである。

肥前名護屋城の「四天王寺住人」のヘラ書き丸瓦は、水手曲輪から出土しており、水手曲輪出土の軒瓦はそれほど多くなく、江戸期に属する軒瓦も相当数入っている。一方、天守台出土の軒瓦には、他とは異なる特徴をもつ瓦の一群があり、天守台ではその数が多く、同一の傾向を示す遊撃丸東側出土の瓦は、天守台西側下段に位置するもので、天守台から遊撃丸東側へ落下し流れ込んだものと考えてよい。水手曲輪も、天守台北東の下段に位置し、「四天王寺住人」のヘラ書き瓦も、天守の瓦が流れ込んだものであろう。というのは、天正十八年（庚寅）五月というヘラ書き銘は、その名護屋築城年代が「石垣本丸御天守等は、前年庚寅島津御陣の時大いに手を加え入れられ候」（『武功夜話』）と記すように、一番最初の造瓦によって天守用として作られた瓦である可能性が高いからである。

私は名護屋城の天守台所用の軒瓦は四天王寺住人藤原朝臣住村与介に関係する瓦工によって製作さ

れたものと考えているが、名護屋城造瓦については第八章で述べるので大方省略し、ここでは次の点だけ述べたい。すなわち織豊期を通して、軒瓦における瓦当外区外縁・内縁の面取りを行なうもの、すなわちミガキ・面取りの入念な瓦は、安土城天守の瓦、清洲城瓦の一部、名護屋城天守の瓦以外には、織豊期にはほとんど認められないからである。織豊期における四天王寺住人瓦大工の造瓦は、城郭においては、安土城・清洲城・名護屋城の造瓦に尽きると考えている。なお、安土城造瓦と四天王寺住人瓦大工との関係は第四章で詳しくふれる。豊臣政権下では播州英賀住人瓦大工の造瓦範囲が拡大しており、信長死去後は、四天王寺住人瓦大工の造瓦範囲は一旦、縮小したものと考えられる。

三　織豊期の播州英賀住人瓦大工

織豊期に播州英賀住人（または姫路住人）瓦大工とヘラ書きを残すのは次の七社寺例がある。天正十一年（一五八三）の広島県素盞鳴神社鬼瓦、天正十六年の奈良県長谷寺鳥衾、天正十七年の広島県厳島神社千畳閣鬼瓦、天正十八年の岡山県長法寺本堂鬼瓦、天正十九年の福岡県筥崎宮鬼瓦、天正十九年の広島県厳島神社摂社三翁神社鬼瓦、文禄二年（一五九三）の兵庫県随願寺鬼瓦である。七社寺例のうち播州英賀（阿賀・阿加・河賀・あか）と記すのが五例、播州姫路と記すのが一例（長法寺）、播州とのみ記すのが一例（筥崎宮）である。

第一番目の天正十一年、素盞鳴神社鬼瓦[44]には、額に日輪を飾る大棟鬼瓦と月輪を飾る大棟鬼瓦がある。月輪大棟鬼瓦には次のヘラ書きがある。

大公播州阿加之住藤原之　　的野源五郎同　　墓元四郎左衛門　　小工弥次郎
同□之普請奉行衆　　有地九郎次郎　　同左馬助同大炊助　　村上蔵大□平田
孫七郎的遍之　　四郎五郎足名　　新介蓮花七郎左衛門

本願永秋　天正十一年癸未七月吉日

現在の素盞鳴神社は、もとは江熊神社または牛頭天王社と称し、天文十年（一五四一）の磐銘には天文九年に江熊牛頭天王社が再興されたことを記す。この牛頭天王社拝殿の日輪を飾る大棟鬼瓦には「元盛子孫　繁昌祈念」「天正十一」と記され、相方《さがた》城の城主有地元盛の子孫繁昌を祈念しており、月輪を飾る大棟鬼瓦には有地九郎次郎など八名が普請奉行衆であったことを記している。

まず鬼瓦の表情は、前代の播州英賀住人瓦大工の鬼瓦と同じく、「大胆で柔和な表情」であり、また鼻は左右に広がる幅の広いものであり、また上歯の先端を内彎形に描く点などの特徴がある。この牛頭天王社拝殿使用の瓦は鬼瓦の他は、現在巴文軒丸瓦が残されているにすぎないが、同笵の軒丸瓦が相方城で出土しているので、組み合う軒平瓦も相方城と同笵であろうと考えられている。ただし相方城出土の軒平瓦は二種類あり、天正十一年の軒平瓦は、中央に肉厚宝珠を有し、左右に巴文・引両文を配する軒平瓦であろう。『禅林諸祖伝』には、赤松氏が大竜

第43図　素盞鳴神社鬼瓦ほか（縮尺 鬼瓦約１：12，軒瓦１：12）
軒平瓦は相方城出土.

（引両文）を巴（水に縁がある）の上に描いて出撃したところ、大勝を得たというから、宝珠・巴・引両文の組み合せに、そのような意味を付けさせたのであろう。

第二番目の天正十六年（一五八八）の長谷寺鳥衾には次のヘラ書きがある。

　　はり満国志き西かうり人
　　　　　　あか大くハ
天正拾六年□（閏）五月吉日　二郎□（衛）門尉（後略）

また、長谷寺には次のヘラ書きを記す鬼瓦もある。

天正拾六年　西京　ひこ一郎　□（閏カ）五月吉日

長谷寺は天文五年（一五三六）の火災後、郡山城に入った豊臣秀長が再興に力を入れ、本堂の造営は秀長の家老である小堀新介正次が勤め、天正十六年九月には秀長自身も参詣して高野衆による落慶供養が営まれている。この時の造瓦の状況や軒瓦の種類は不明だが、上記の鳥衾や鬼瓦から考えて、播磨英賀瓦大工と、大和西京の瓦工とが造瓦・瓦葺きに参加したものと考えられる。おそらく、大和の瓦工だけでは早急の造瓦は困難で、大坂城や聚楽第で動員された播磨英賀の瓦工を併せて参加させたものと考えられる。

第三番目は天正十七年の厳島神社千畳閣[45]の鬼瓦で、天正十七年銘鬼瓦が九個現存したという。九個のそれぞれの銘文は明示されていないが、小林章男氏[46]によるとおよそ次のようなヘラ書き文字である

第44図　厳島神社千畳閣の瓦（縮尺 鬼瓦約1：15，軒瓦1：12）

という[40]。

○天正拾七己丑八月吉日
　播州色最部河賀之庄
　黒田二郎大夫作
○拾月吉日大吉皮良御大工与大夫調之
　播州色最郡河賀之住
　土居介大夫作

天正十七年の鬼瓦は、大棟鬼は失われ降り鬼と隅鬼であり、全形の左右の珠文帯を省略して、鬼面を浮き出させた独特のものである。「大胆で柔和な表情」から、やや恐い顔に移行しているが、角が外方に直立するか外彎する点、鼻が左右に広がる幅広いものである点、また上歯の先端を内彎形に描く点など、播州英賀の鬼瓦の特徴をよく有している。鼻の各部分に縦の稜線が目立つ点は、この建物の鬼瓦だけに特有のものである。

軒瓦は報告書に当初瓦として二種の王字銘軒丸瓦と三種の桐文唐草文軒平瓦が写真掲載されている。このうち最も大型の軒瓦の組み合せは、瓦宇工業によって所蔵・保管されており、王字銘軒丸瓦には丸瓦部凹面にコビキB（鉄線切り）の痕跡がある。この軒丸瓦が天正十七年のものとすれば、最古のコビキBによって作られた軒丸瓦となる。組み合う桐唐草文軒平瓦の厳密な年代決定は難しいが、類似した文様をもつ広島県浄土寺阿弥陀堂の天正二十年銘の桐唐草文軒平瓦には、在地の瓦工名と思われる「瓦大工又右衛門之作」のヘラ書きがある。この軒平瓦と組み合う二例の鬼瓦を観察すると、同じく左右の珠文帯を省略した鬼瓦であるが、角の伸びがない、目が小さすぎる、鼻は大きく団子鼻、歯の先端が鈍い、上下の牙のかみ合せが悪いなどの点が明らかになる。英賀住人瓦大工製の鬼瓦が他と比べていかに個々の部分をひき立たせるように（見映えあるように）シャープに仕上げているのかが理解できるのである。

厳島神社千畳閣は、戦没将士の慰霊のため、天正十五年三月に秀吉によって建立を命じられ、その年七月には造営されていることがわかるが、

第45図　浄土寺阿弥陀堂の瓦（縮尺 軒瓦 1：14，鬼瓦約 1：13）

その後天正十七年八月の鬼瓦の銘文があり、文禄元年に秀吉は厳島を訪れている。瓦がすべて天正十七年に収まるものかどうかの年代決定は、千畳閣全体の瓦の検討が必要となる。

第四番目の天正十八年（一五九〇）の長法寺鬼瓦には、小林章男氏[46]によると、北西隅鬼に「天正十八禾　苲者播州姫治助右衛作」のヘラ書きがあり、また南西隅に天正十八年の鬼瓦があるとしている。第46図は北東隅の鬼瓦で、小林氏は「北東隅も天正作の鬼で、三経蓮を頭布に使っているが、大きな造りなので良い面相にまとまっている」と記している。この鬼瓦で注目すべきは、播州英賀でなく播州姫路と記すこと、もう一つは顔の表情が「大胆で柔和な表情」というよりもさらに明るい表情で、あたかも笑っているかのような眼と口を開いていることである。角が外彎気味であり、鼻の左右への広がり、また上歯先端が内彎することなどは播州英賀の鬼瓦と共通する特徴であるが、恐さが消えて極めて明るい表情である点は、播州姫路の鬼瓦に共通するものか、この鬼瓦だ

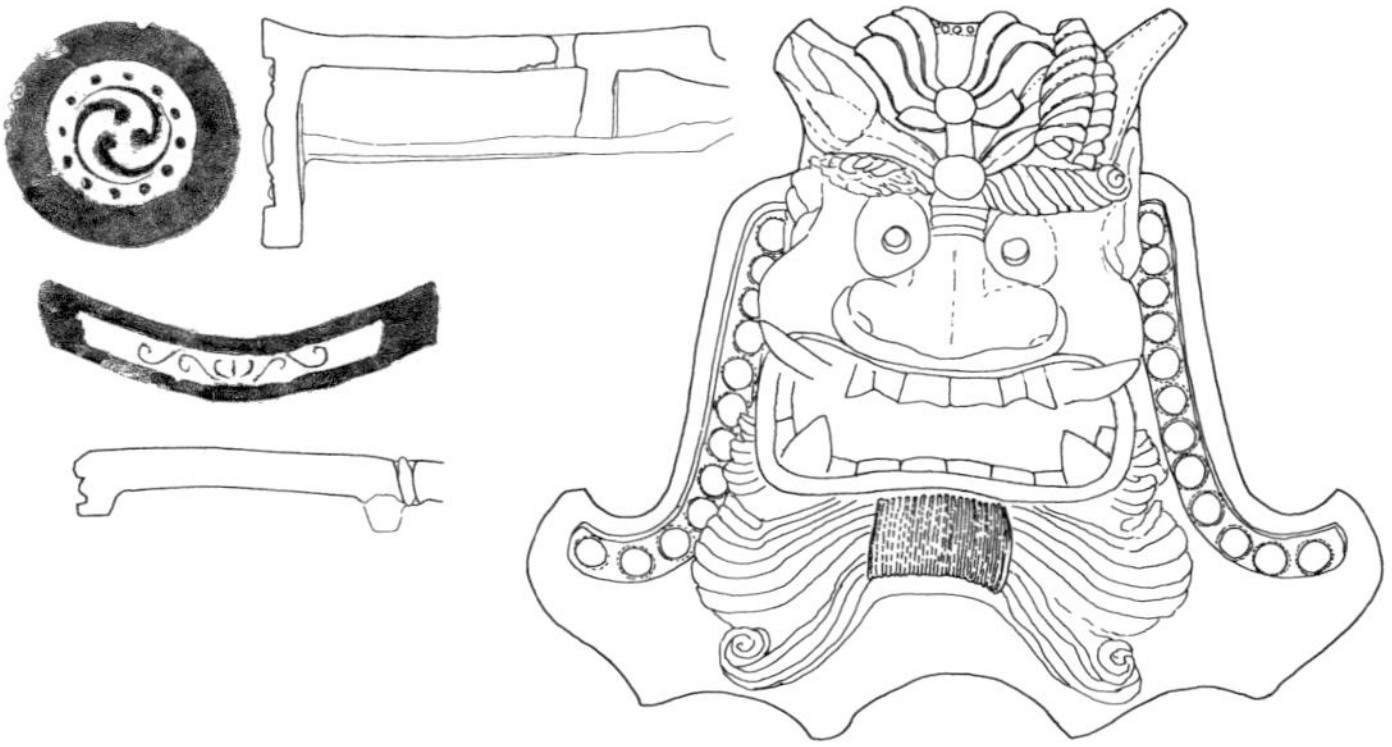

第46図　長法寺の瓦（縮尺 軒瓦1：12）

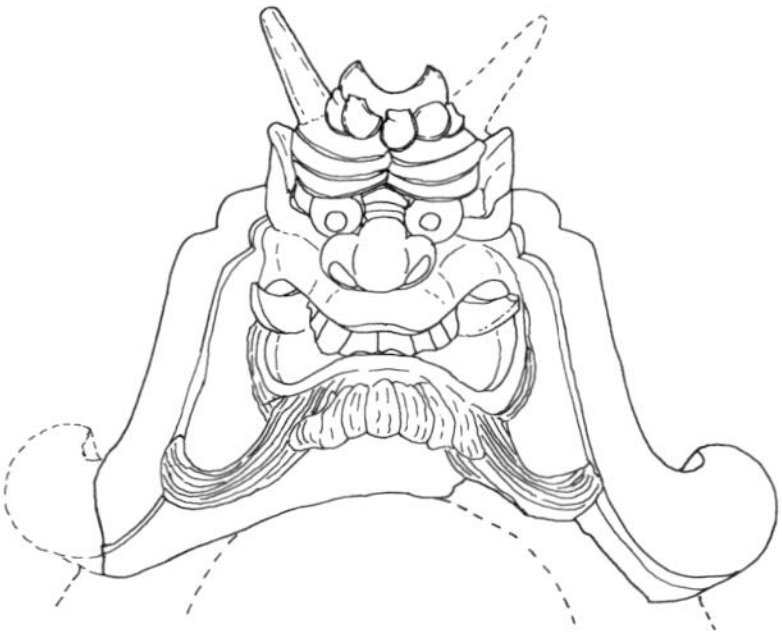

第47図　筥崎宮の鬼瓦（縮尺 約1：21）

けに特有のものであるかという点はわからない。
鬼瓦と組み合うのは、巴文軒丸瓦と均整唐草文軒平瓦と考えられ、巴文軒丸瓦の丸瓦部凹面には両袖式軒平瓦の袖部と組み合せる半円形の引掛け部をもち、丸瓦凹面に糸切痕を残している。均整唐草文軒平瓦には、平瓦部凸面中央に引掛け用の方形突出部がある。

第五番目の天正十九年の筥崎宮鬼瓦(47)には、「天正十九年辛卯八月吉日　大工播州之住稲垣喜右衛門」のヘラ書きがある。このヘラ書きには「播州」とのみ記され英賀とも姫路とも記していない。遠く九州へ出張製作に来たから、大きい呼び方として播州とのみ記したというより、本拠地での居住地移動が行なわれているから播州とのみ記した（後述）と考えてよいだろう。鬼面の表情にはやや恐さが生じており、鼻の左右の幅が狭いなど、これまでの播州英賀の鬼瓦とは異なる部分もある。しかし、角が外方に直立する点、上歯の先端が内彎する点など播州英賀の鬼瓦と共通する部分を多く残している。

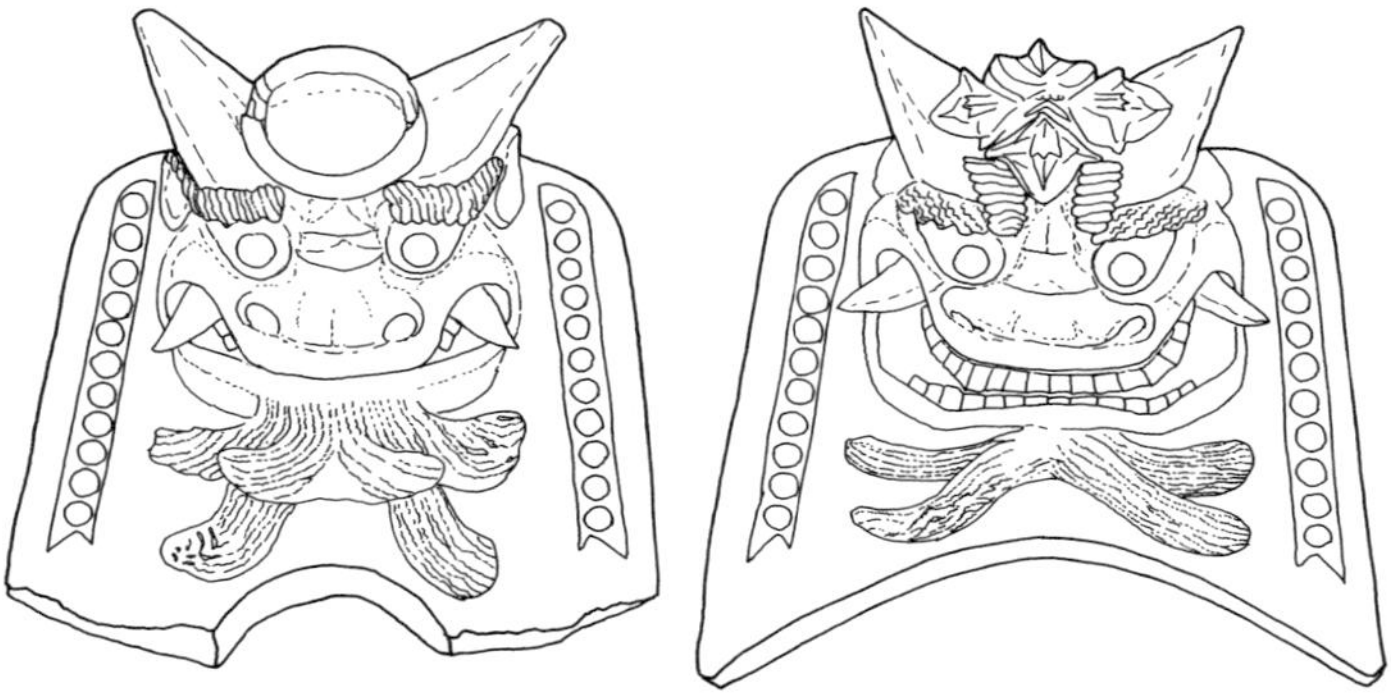

第48図　随願寺の鬼瓦（縮尺 約1：10）

第六番目は、天正十九年の厳島神社三翁神社の鬼瓦で、「播州嘉西郡阿賀」「清次郎大夫」の銘があるとされる。詳細は不明である。

第七番目は、文禄二年（一五九三）の随願寺の銘文ある四点の鬼瓦[48]で、そのうちの一例をみると「播磨飾東英賀住瓦大工藤原朝臣□色善四郎作　文禄弐年九月吉日」のヘラ書きがある。英賀は飾西《しきさい》郡にあり、飾東郡は誤りである。しかし、これは単なる誤りというより、なにか意味があるのだろう。後述する。鬼面文の表情は、やや恐さが生じており、鼻の左右の幅が狭くなり、角の根元が太いなどこれまでの播州英賀の鬼瓦とは異なっている。ただし角が外方に直立する点、上歯の先端が内彎する点は、まだ播州英賀の鬼瓦の特徴をわずかながら残している。鬼瓦と組み合う軒平瓦は、巴文軒丸瓦と均整唐草文軒平瓦・葉脈三葉文唐草文軒平瓦である。

以上のように織豊期に播州英賀住人（または姫路住人）瓦大工とヘラ書きを残すのは以上の七社寺例であり、いずれも城郭の瓦ではないこと、また六社寺例は鬼面文鬼瓦にヘラ書きを残している点が特徴である。

第一の問題点として、播州英賀住人（または姫路住人）瓦大工は、城郭の瓦製作に関与しなかったのかどうかという点であるが、これは大いに関与したと考えてよいだろう。城郭の瓦生産に際しては、社寺の造瓦のように自由にヘラ書きができる環境ではなかったと考えられる。中世の段階では一社寺の造瓦に際して一人の瓦大工が担当するが、織豊期の城郭瓦製作では、多数の瓦工を結集させる必要が生じたために、瓦大工の名前を銘記する方式が停止され、無記銘の多量生産という方式に変化したものと考えられる。瓦生産と瓦葺きの中で、一定個所だけ一定の瓦大工集団が造瓦・葺き上げを分担するのではなく、城郭造営を指揮する実力者の指示に従って、造瓦・葺き上げを共同で行なわねばならず、ヘラ書き瓦を自から葺き上げる機会が減少したことが、瓦大工のヘラ書き銘瓦が城郭でほとんどみられない理由であろう。

このように城郭瓦においては、文字瓦から造瓦集団の名前をアプローチできないとすれば、次に考えられるのは鬼面文鬼瓦の表情及び全形などから瓦工の個性を引き出し、瓦工集団を指摘することが可能になるが、実は城郭瓦では鬼面文鬼瓦をほとんど用いていないのである。城郭と鬼とは相性が悪いというよりは、城郭の造営者側に、城内に鬼の出現を許さない気持ちがあったからであろう。

このような理由で織豊期の城郭瓦製作に際し、播州英賀住人（または姫路住人）が関与したことを示す直接的な証拠を提示することが困難になるのだが、この点は軒瓦を検討すればある程度のアプローチは可能であり、後に個別の城郭瓦の分析の中で再度ふれることにしよう。

第二の問題点として、播州英賀住人瓦大工と播州姫路の瓦工との関係である。

播州英賀は赤松氏と三木氏の交錯した支配関係の中で、郷村・港津の発達によって町民自治が起り、一向宗（浄土真宗）が導入されている。すなわち英賀は、文明十六年（一四八四）の「文明道場」の建立にはじまり、明応二年（一四九三）に東本徳寺を開き、永正九年（一五一二）には、本願寺の御一家衆の英賀下向が実現し、永正十二年には英賀御堂（本徳寺）が完成している。先述した、現在の亀山本徳寺にある永禄九年（一五六六）銘の鬼瓦は、元来英賀御堂にあったもので、天正八年（一五八〇）の秀吉の寺領寄進以降、現在地亀山に建物と共に移されたものと考えられている。この天正八年という年は、英賀衆の本拠地である石山本願寺が大坂を退城した年であり、かつ秀吉が三木城を陥落させた年で、翌年の「天正九年の春、播磨の国姫路という所を、秀吉住べき城かまえ給う」（『豊鑑』）たのであり、播衆英賀と姫路とは、この年以降急激な変化が生じたものと考えられる。

したがって永禄九年の亀山本徳寺鬼瓦の「英賀東」や天正六年の妙京寺鬼瓦の「阿賀」などは、夢前川東岸に住む瓦大工であったことは間違いなく、天正十一年の素盞嗚神社鬼瓦の「阿加」、天正十六年の長谷寺鳥衾の「あか」、天正十七年の厳島神社千畳閣鬼瓦の「河賀之庄」までは瓦工の大多数は、夢前川東岸の英賀に住んでいたであろうが、天正八年以降、姫路などに居住する瓦工も出現したものと考えられる。すなわち、天正十八年の長法寺鬼瓦は「播州姫路」の助兵衛の作であり、天正十九年の筥崎宮鬼瓦では、本拠地の移動に関連して「播州之住」としか記さず、文禄二年の随願寺では「飾東英賀住」善四郎作と、一般的にみれば誤った書き方をしているのである。しかし、これは単に誤ったというより、現実に□色善四郎は飾東郡に居住しているが、同時に「英賀出身」であることを主張しているように思われる。すなわち、播磨の瓦大工橘氏が「大和西京住人」と記したように、播州英賀住人瓦大工の名前は、瓦生産分野において一時期銘柄となったのであり、夢前川に添う英賀の瓦工だけでなく、市川に添う飾東郡の瓦工の一部も「英賀」と称したのであろう。

四　安土城の造瓦

織田信長は天正四年（一五七六）正月中旬から近江安土城の造営をはじめ、丸三年かけて天守が完成し、天正七年五月に安土城に移っている。安土城天守の瓦は、[49][50]従来の日本の中世瓦を一歩進めて近世瓦の標式としての地位を固めた部分と、中世瓦の延長として中世瓦と変らない部分とを併せて持っている。従来の中世瓦を一歩進めた部分としては、二次調整加工、大棟棟飾りの多様化、金箔瓦使用などの色構成の点である。

第一に、瓦のケズリ・ミガキなど二次調整加工が極めて入念であり、このような入念さは、江戸時代の寺島家製作の極上瓦や江戸末期の瓦に匹敵するものである。

第二に、天守をもつ城郭瓦としての性格から、大棟棟飾りの多用化を促進させた。まず安土城三の丸では、瓦製で目・歯・牙・胸鰭の付け根などに金箔を付けた鯱が発見されている。安土城以前の十六世紀代の日本では、木製鯱や瓦製竜頭（乗福寺例・朝光寺本堂例）などが散発的に使用されていたが、織豊期から江戸期の瓦製鯱の出発点は安土城鯱と考えてよい。また、棟用の小形棟飾りは、長方形の瓦当面をもつ棟込瓦はあるが、伏見城のような輪違・青海波・菊丸形・菱形はまだ出現していない。留蓋瓦は出現している。

第三に安土城では金箔瓦使用などの色構成の点はかなり工夫した点がみられる。金箔瓦が安土城例が最古かどうかは検討の余地があるが、秀吉の時代、江戸初期の時代に金箔瓦が使用されたその出発点は安土城にあるから、安土城の金箔瓦が与えた影響は大きいといってよい。ただし中村博司氏[51]による金箔瓦の研究によると、金箔瓦の手法には二つあって、一つは金箔押の技法で、瓦当文様突出部および外区に金箔を一部重ねて、連続して押し付けていくもの。他の一つは安土城の金箔瓦のように、幅二〜三ミリの微細な金箔を、瓦当の地の部分の漆を塗った部分にばら蒔くようにして附着させる「金箔蒔技法」である。後者は安土城と松ヶ島城（から松阪城へ移された瓦）で確認できるだけで、秀吉の時代以降すべて金箔押の技法で作られている。このような瓦における色彩を考えた観点は、安土城の瓦においてかなり考慮されていると考えられ、きわめて均一に焼きあがった赤瓦や、いぶしの度合いが強い真黒の瓦、灰色の色調をもつ瓦など、金箔瓦をも含めた七階建ての各階での色の配分をも考えさせるものがある。

次に検討すべきは、中世瓦の延長として中世瓦と変らない部分、およびいくらかの変化の度合いが認められる部分をみていこう。以下にあげる特徴は、特に十六世紀における「四天王寺住人瓦大工」のヘラ書き瓦にみられる諸特徴と共通するものである。

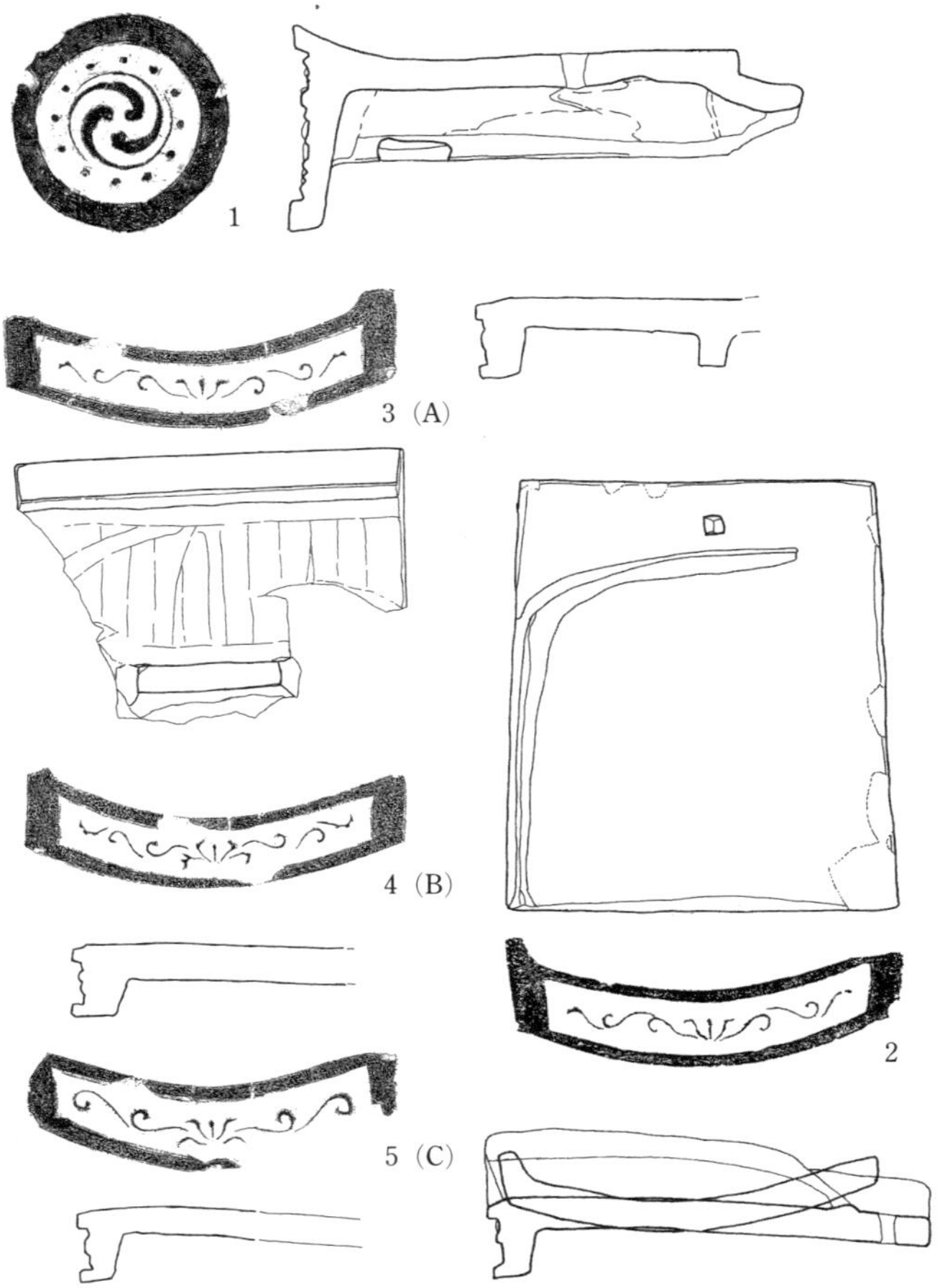

第49図　安土城などの瓦（縮尺 1：8）
1・2 松阪城（松ヶ島城から運ばれたと推定），3～5 安土城

第一に軒瓦、特に軒平瓦の文様である。

安土城天守は巴文軒丸瓦と均整唐草文軒平瓦の組み合せで、天守では三種類の軒平瓦の出土が多く（四種類のうち一種は瓦当半分の破片で省略）、三種の軒平瓦は中心飾りに三葉文を配し、萼を有すものが二種（B・C）あり、左右の唐草文は三回反転のもの二種（A・B）、二回反転のもの一種（C）である。全体的な文様構成としては一般的なものであり、播磨の瓦大工橘氏の系統にも通じるし（例えば、弥勒寺本堂例）、四天王寺住人瓦大工の系統（例えば、斑鳩寺本堂例）にも通じるものである。

一方、安土城軒平瓦文様の特殊な点としては、中央三花弁・萼・左右唐草文の各部分において、くびれ状の表現を行なう個所があることで、その部分は二、三個の山形を横に並列したような表現となっている。このくびれ状表現は安土城以前の軒平瓦には全く存在せず、安土城以降でも清洲城で一種、松阪城[52]で二種、岐阜城で数種の例があるだけである。このくびれ状表現をもつ軒平瓦が安土城以外で、ほとんど認められないことは、安土城造瓦集団が安土城以降、極端に縮小したことを想定させる。これはまた、先述した軒瓦の金箔蒔技法が安土城以降、消滅したことと歩調を合せているようにみえる。

第二に、軒瓦における二次調整加工の入念さである。

先述したように安土城の瓦はケズリ・ミガキなどを行ない二次調整加工が極めて入念であり、これを安土城天守の三種の軒平瓦で説明すると、軒平瓦A・Bは外区を削り、瓦当下縁の面取りのほかに、外区内縁の面取りや外区内面の削りまで行なう。外区内面の削りは、さらに二〜三ミリ程度内区にまで及んでいる。軒平瓦C種ではA・B種ほどではないがやはり入念であり、外区を削り、瓦当上外区内縁の面取り、外区内面の削りを行なっている。これほど入念な加工は安土城以前には存在しないが、外区内面の削りは、大和橘氏の軒平瓦、播磨橘氏の軒平瓦、播州英賀住人瓦大工の軒平瓦には全く存在しないが、四天王寺住人瓦大工が製作した軒平瓦には存在するのである。すなわち波状文軒平瓦としては叫堂城跡（感応寺）例では下外区内面に削りがあり、丈六寺例では上外区内縁の面取りがある。さらに斑鳩寺の均整唐草文軒平瓦では上外区内縁・下外区内縁の面取りが認められるのである。すなわち斑鳩寺の軒平瓦などで行なわれた外区内縁の面取りを、さらに極端に押し進めて、文様部分（内区）以外を徹底して二次調整加工したのが、安土城の軒平瓦なのである。

安土城・松ヶ島城（から運ばれた松阪城[52]）の瓦以降、この二次調整加工がある程度行なわれるのは、清洲城四種・岐阜城数種の軒平瓦などであり、他の城郭ではほとんどみることができない。ただし、名護屋城天守の軒瓦において再び二次調整加工が入念となるのは後述する通りである。

第三に、軒平瓦の形態からみると、安土城出土の引掛け軒平瓦の平瓦部凸面における横桟の形態が「長方形の突出」であることが重要である。十六世紀において「長方形の突出」の横桟をもつ軒平瓦は、淡路河上神社の瓦、阿波丈六寺の瓦、淡路叫堂城跡の瓦、播磨鶴林寺の瓦など四天王寺住人瓦大工のヘラ書きをもつ瓦が多く、他に淡路妙京寺の瓦、備前長法寺の瓦など播州英賀・姫路住人瓦大工のへラ書きをもつ瓦の一部にも長方形の突出をもつ横桟の軒平瓦がある。しかし、大和西京橋氏の瓦や播磨橋氏の軒平瓦の引掛け横桟は全く異なるもので、「帯状に伸びて両側面まで達する横桟」である。

第四に、これも軒平瓦の形態からみると、安土城出土軒平瓦Aと同笵の松ヶ島城軒平瓦（松阪城で出土したもの）には、片袖式の隅軒平瓦において、平瓦部凹面に片袖から伸びる水切りの突起が、平瓦部の横幅三分の二程度まで達している。これを「突起状水切り」と呼ぶ。この突起状水切りは、阿波丈六寺の瓦、大和長谷寺の瓦、陸奥瑞巌寺の瓦など四天王寺住人瓦大工の銘をもつ瓦にみられ、この他にヘラ書きはないが、姫路市心光寺などの播州英賀・姫路と関連する軒平瓦においても、みられることがある。しかし、大和西京橋氏や播磨橋氏の隅軒平瓦の水切りは階段状であり（これを「階段状水切り」と呼ぶ）、全く異なるものである。

さて以上の特徴からみると、安土城造瓦に関する『安土日記』の「瓦ハ唐様に唐人之一官ニ被付被焼候　瓦奉行小川孫一郎堀田佐内青山助一也」の記述はそれなりに信用してもよいと思うが、『信長公記』の「瓦、唐人の一観に仰せつけられ、奈良衆焼き申すなり」の記述は、その信頼性を疑わなければならない。太田牛一が編集した『信長公記』には、いくつかの異本があり、『安土日記』は日記をそのまま利用するような形で作られているのに対し、後の『信長公記』は、信長の一代記の評判が高まるにつれて潤色や改作が加えられたことが指摘[53]されている。

以上、安土城の瓦について述べたが、それは「奈良衆」によって作ったものではなく、四天王寺住人瓦大工が関与した可能性が高いと考えてよい。ただし、すでに述べたように城郭瓦では、瓦工名を記すヘラ書き瓦が出土することは極めてまれであり、さらに瓦工の個性が最も発揮される鬼面文鬼瓦を城郭用として用いていないので、決定的な根拠を提示することはできないのである。しかし、ないものねだりをしてはいけない。現実の安土城の瓦を観察していえることは、「大和・播磨の橘氏」「四天王寺住人瓦大工」「播州英賀住人瓦大工」の三分類に限定すれば、四天王寺住人瓦大工の系列になることは明らかであるが、「四天王寺住人瓦大工」とヘラ書きする瓦工が、安土城瓦を製作したかどうかは、まだ証明されていないのである。しかしその場合でも、中世における播磨・河内・紀伊・山城の瓦が大和系と和泉・南摂津系に大きく分類できる時に、安土城の瓦が「大和系」ではなく、「和泉・南摂津系」であることは、もはや疑うことのできない事実であるといわなければならない。

五　姫路城以前の瓦と姫路城造営時の瓦

十六世紀における姫路およびその周辺地域の造瓦は、決して単一・単純なものではないと思われる。ヘラ書きのある瓦だけをみても、播磨橘氏・播州英賀住人瓦大工・四天王寺住人瓦大工などが存在しており、これ以外にヘラ書きを行なわないいくつかの瓦工達がいるものと考えられる。ここで考える必要があるのは、姫路城以前の瓦と姫路城造営時の瓦とが、連続した状態を示すのか、それともかなり異なった特徴をもつものが出現するのか、という点である。このような視点から、十六世紀の中で天正八年姫路城造営以前の瓦を概観すると次のような特徴が指摘できる。

第一に、現在の英賀神社に置かれる軒瓦は英賀御堂跡の瓦と考えられているが、その中に中心が宝珠文で左右に唐草をもつ軒平瓦がある。半肉彫りの宝珠を中心におき、左右に五回反転の唐草文を配する。宝珠に近い第一・第二の唐草文の単位が外向きの同一方向に巻き込むのが特徴であり、類例は姫路市御着城で出土している。これら二種の軒平瓦の祖型となるのは、大阪府池田市久安寺出土の宝珠唐草文軒平瓦（第50図2）であり、それは奈良西京の薬師寺と同笵であり、久安寺の瓦は大和の瓦工が久安寺周辺で製作したものであることは疑いない。英賀神社・御着城の宝珠唐草文軒平瓦は、播磨の橘清川国次親子と直接関係があるとは思われず、十六世紀前半の段階において（逃散した）、大和の瓦工の影響が、これらの瓦に及んでいることに注目しなければならない。

第二に、英賀御堂の創建瓦は不明だが、天文十九年（一五五〇）橘国次銘の正龍寺蔵の鳥衾や永禄九年（一五六六）英賀東瓦大工亀倉橘又次郎銘の亀山本徳寺蔵の鬼瓦は英賀御堂の瓦と考えられており、前者は播磨の瓦大工橘氏による製品であり、「英賀住人瓦大工」と称する瓦工達の独自性は、あるいは十六世紀前半代まで遡らないのではないか、と思わせるものがある。

第三に、置塩城出土の三種の軒平瓦のうち、一種は橘甚六作の軒平瓦と同笵で一五六〇年頃のものであり、他の二種も文様が酷似しており国次親子によるものである可能性が高い。夢前川流域の置塩城・英賀御堂の瓦においては一五五〇～一五六〇年頃までは国次親子の影響が強いと考えられる。

第四に、中心飾り三葉文をもち、左右に四回反転する唐草文の第一単位が三葉文よりかなり離れて上向きに巻きこむ軒平瓦がある。年代は一五六五年頃から一五八〇年代まで製作されたようでありA～Eの笵がある（第50図7～14）。Aは御着城・英賀神社・姫路城・大坂城で同笵。Bは心光寺出土。Cは心光寺・姫路城で同笵。Dは大坂城・心光寺で同笵で、笵を切り縮めたものが心光寺にある。Eは置塩城で出土。これらの軒平瓦は、英賀神社出土例にみられるように、英賀住人瓦大工と称する瓦工によって作られたものと考えられる。

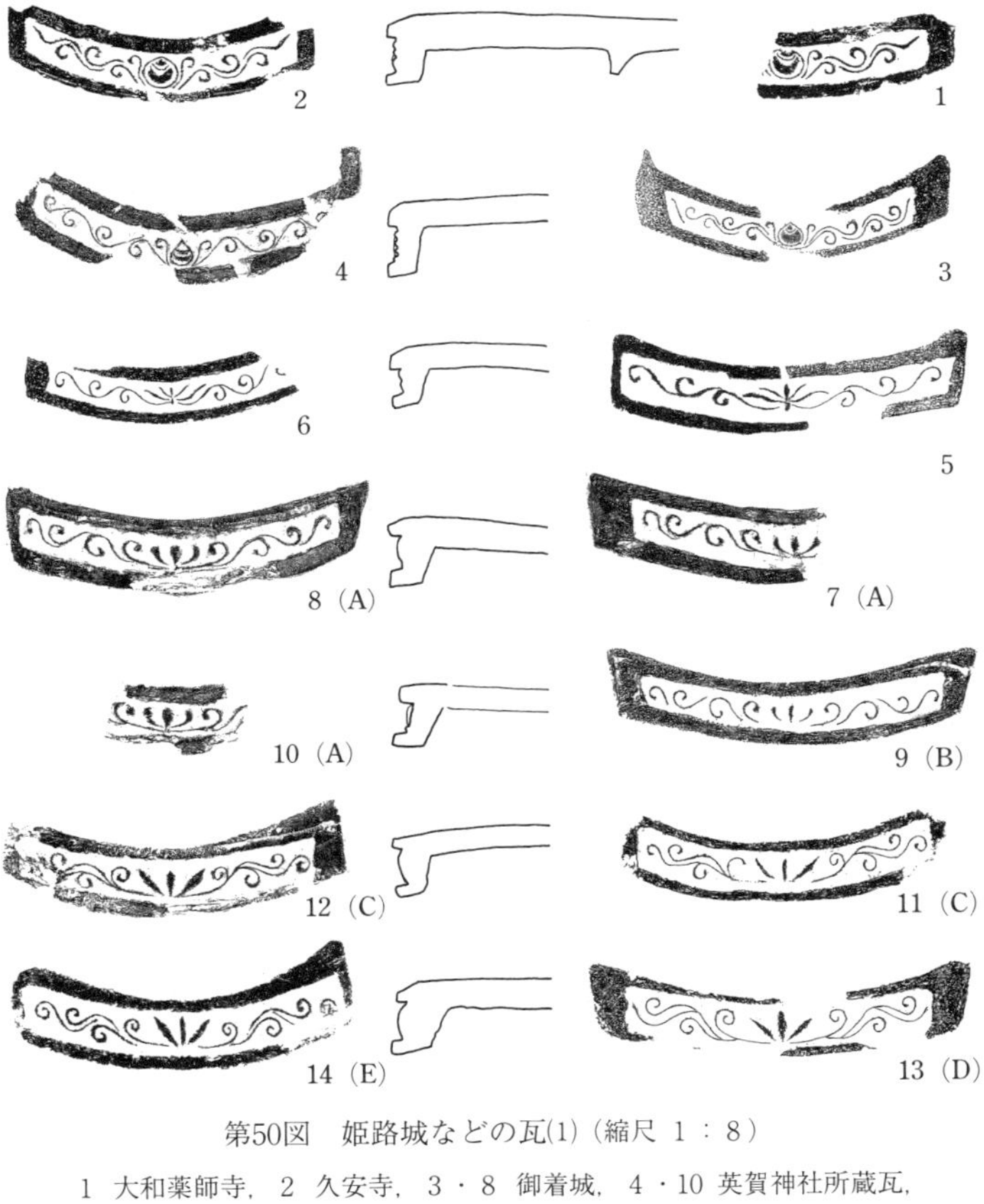

第50図　姫路城などの瓦(1)（縮尺 1：8）

1 大和薬師寺, 2 久安寺, 3・8 御着城, 4・10 英賀神社所蔵瓦, 5・6・14 置塩城, 7・11 姫路城, 9・12・13 心光寺

第五に、姫路地区では出土していないが、葉脈三葉文軒平瓦があり、淡路妙京寺例は阿賀源六によって製作されたことは先述のとおりである。この軒平瓦は多くの同笵関係があり、田中幸夫氏は妙京寺と静円寺が同笵であることを指摘し、一九九五年の黒田慶一氏の論文では美作篠葺城（天正五年）→淡路妙京寺（天正六年）→備前静円寺（天正七年）→大坂城（天正十二年頃？）→備前岡山城（天正十九年頃？）の順で移行したことを図示している。この最初の篠葺城の軒平瓦にも「番州」のヘラ書き文字が残る。阿賀（英賀）源六と「番州」のヘラ書き銘をもつ葉脈三葉文軒平瓦。これは姫路城の造瓦直前に、英賀住人瓦大工は葉脈のある三葉文の文様を使用したことを物語っており、この点は充分に評価しなければならないだろう。

次に、天正八年から始まる初期の姫路城造営に用いられた瓦は、どのような特徴を有しているであろうか。

第一に、中心菊文（九葉文）で左右に三回反転する唐草文をもつ軒平瓦がある。中心菊文のアイディアは、十四世紀末の報恩寺や十五世紀前半の円教寺などの菊水文軒平瓦の中心飾りを借用したものであることは間違いないだろう。一方、左右第一単位の唐草文の基部をみると、波状文があり、直角方向に波形を変える小さな文様を配している。このタイプの軒平瓦は姫路城で二種（第51図1・2）あり、A種同笵瓦は松原八幡神社から、B種同笵瓦は円教寺（この瓦は現在山田氏邸の屋根に移動）から発見されている。この軒平瓦の文様構成は十六世紀における姫路城以前の軒平瓦の文様構成とは異なり、新

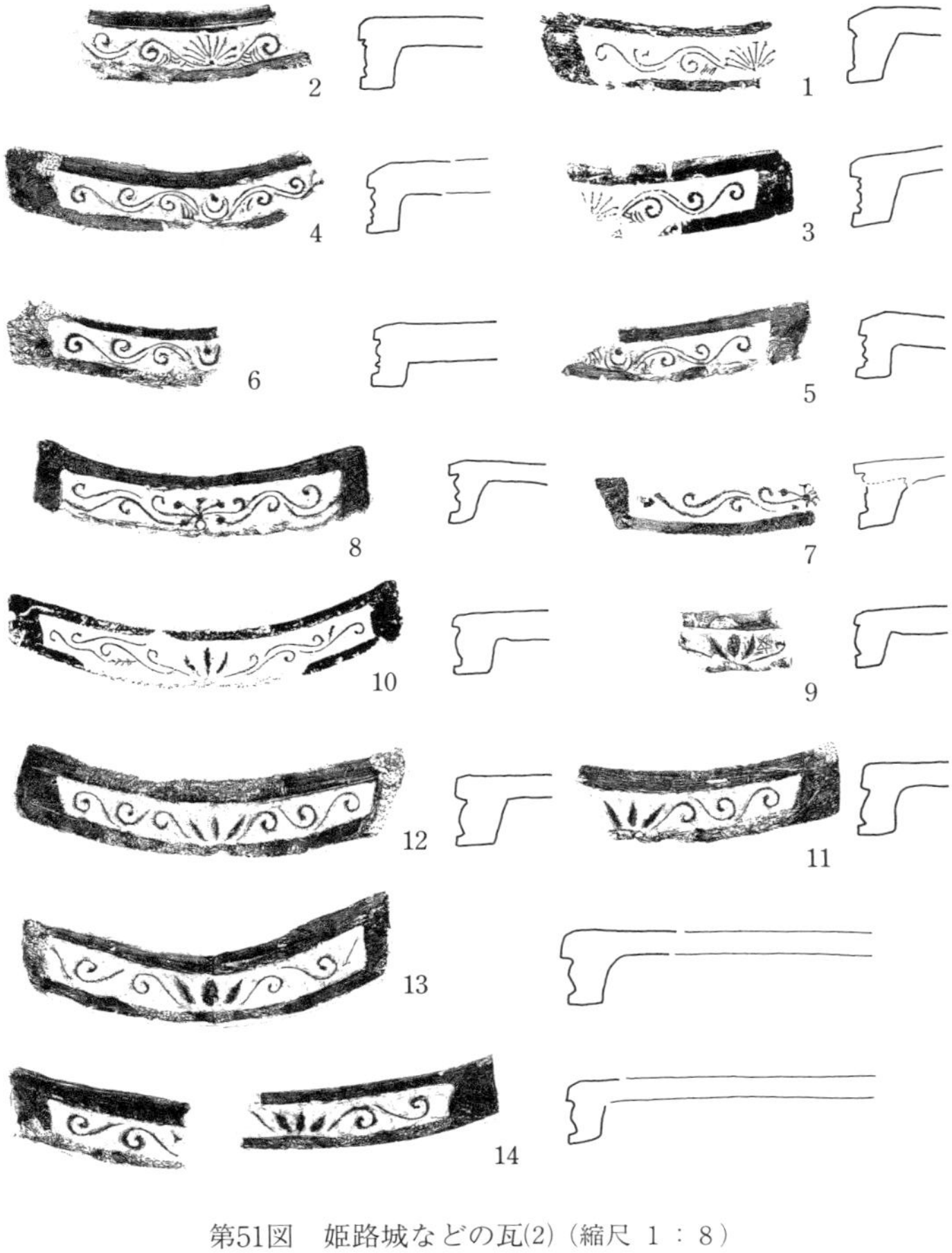

第51図　姫路城などの瓦(2)（縮尺 1：8）

1・2・4～6・8・9・11～14 姫路城，3・10 松原八幡神社，
7 天神山城

たな文様の創出を行なっている点は注目できる。

第二に、宝珠唐草文で左右に三回反転の唐草文をもつ軒平瓦がある（第51図5・6）。この宝珠は肉彫りではないが単純な線描きでもなく、やや縦に長い楕円形の二重の輪郭の開口部を点珠で配する独特の表現を行なうものである。類似した文様の宝珠唐草文軒平瓦は、龍野城・岡山城・聚楽第・大坂城で出土しているが、姫路地区では姫路城以外では出土していない。なお姫路城出土の二種のうち一種は、先述した菊唐草文軒平瓦と同じく左右第一単位の唐草文の基部に波状文を有しており、同一の製作地による製品と考えられる。

第三に、中心飾りは放射状花文で四回反転の唐草文軒平瓦がある（第51図7・8）。同笵例は三例あって、岡山県天神山城および姫路市心光寺例は笵切り縮め以前のもの、大坂城例は中心部の破片で確定したわけではないが笵切り縮め以前と考えられ、姫路城出土例は笵切り縮め後の製品である。

第四に、中心三葉文の中心飾りをもち、左右に唐草文を配す軒平瓦が松原八幡神宮寺である八正寺で出土している。この中心飾り三葉文に葉脈を彫り込み、右第一単位唐草の基部に星形の線刻を行なったものが姫路城・大坂城で出土している。唐草文の構成を左右で異ならせるなど、型にとらわれない文様であるが、葉脈をもつ三葉文という意味では英賀と結びつけることが可能かもしれない。

第五に、中心三葉文が直線的に伸び二〜三回反転する唐草文を配する軒平瓦がある。姫路城ではA・B・Cの三種があり（第51図11〜14）、今のところ同笵例は他では確認されていない。Aの唐草は三回反転し、Bの唐草は三回反転の途中で途切れ、Cは二回反転している。姫路心光寺には類似した文様の軒平瓦が二種存在している。これらの軒平瓦の祖型は、姫路城以前から存在した中心三葉文で四回反転の唐草文をもつ軒平瓦にあり、その系譜の延長線上にあるものと把握することもできる。

以上、天正八年以前の瓦と天正八年姫路城造営以降の瓦とを比較してみると、姫路城段階で軒平瓦の文様意匠について、多くの新たな要素が入り込んでいることがわかった。菊唐草文軒平瓦と波状文の組み合せ、宝珠唐草文軒平瓦と波状文の組み合せなどは、姫路城以前の英賀住人瓦大工の製作した瓦とは全く異なるものであり、また中心飾りが放射状花文をもつ軒平瓦も英賀系の瓦とは異なるものである。一方、中心飾り三葉文に葉脈を配する軒平瓦や中心三葉文をもつ軒平瓦からは、播州英賀住人瓦大工の連続した系譜をうかがうことができる。

十六世紀に夢前川河口の英賀は、海陸交通の要地として富が蓄積され、町民（町衆）自治が高揚する。英賀には、永正十二年（一五一五）に完成した英賀御堂を中心として多くの専念宗（浄土真宗）寺院を創立させたが、この地で英賀瓦大工として独自の瓦を製作しはじめたのは、十六世紀の半ばを過ぎた頃であろう。それから二〇年ほど英賀瓦大工の全盛時代があるが、秀吉の姫路入城によって英賀瓦大工にも大きな変化が生じる。それは、姫路城造瓦に組み込まれる英賀瓦大工と、英賀・姫路地区を離れる英賀瓦大工との両者である。姫路城の軒平瓦にみられた三葉文軒平瓦や葉脈三葉文の存在は、姫路城造瓦に組み込まれた英賀瓦大工を想定させるが、英賀の瓦大工全員が姫路城造瓦体制に組み込まれたものではなかっただろう。京都深草の西村家の「先祖由緒書」[54]には、英賀庄西村に居住していた橋野五郎右衛門尉正尚は、天正九年秀吉に敵対し領地を没収され流浪の身となって河内誉田の瓦工のもとへ行ったことを記すが、そのような瓦工も相当数いたであろう。そして姫路城の造営によって、姫路地区の政治・経済の中心部が夢前川ぞいの英賀から、東の市川にそった姫路に変ったのであり、英賀の本徳寺も亀山に移り、黒田孝高の菩提寺である心光寺も市川の河口に所在した。文禄二年（一五九三）の随願寺の鬼瓦銘には、「播磨飾東英賀住瓦大工藤原朝臣□色善四郎作」のヘラ書きがあり、飾東英賀とは飾東郡の飾磨で市川流域であり、この地に移住したものと考えてよい。したがって、英賀住人瓦大工の中には市川ぞいに居住地を変えた者も相当数いたものと考えてよいだろう。

そして、市川ぞいの姫路に居住した遠来からの瓦工達も相当数いたものと考えられ、姫路城造瓦に参入した英賀瓦大工以外の瓦工達は、どこから来たのだろうか。一つは東播磨に居住していた瓦工で、一昔前の播磨橋氏の菊水文や摂津・和泉・播磨などの波状文をよく知っている瓦工たち、一つは龍野城の宝珠唐草文などから推測される揖保川流域の瓦工達、他の一つは放射状の中心飾りから考えられる備前吉井川流域に居住した福田の瓦工達である。

このような入り組んだ状況を想定しない場合は、姫路城の初期の瓦群を的確に説明することはできないだろう。

六　大坂城の初期の瓦

大坂城は天正十一年（一五八三）工事に着手し、天正十三年には天守は完成したと考えられている。安土城では金箔瓦は天守を中心とする建造物に限られるのに対し、大坂城では本丸・二の丸のみならず三の丸のいくつかの建物も金箔瓦を使用していたようである。大坂城の造営は、天正十一〜十三年の第一期工事の後、二の丸築造の天正十四〜十六年の第二期工事、惣構堀普請（三の丸）の文禄三年〜慶長元年の第三期工事などがあって長期にわたるものであったが、さらに大坂冬の陣・夏の陣を経ての徳川幕府による大坂城再築工事（一六二〇〜）が行なわれたため、城内の金箔瓦が土砂と一緒に旧三の丸地区へ運び出され、整地されており、天守に葺かれた瓦、本丸に葺かれた瓦、二の丸の瓦、三の丸の瓦などを明確に区分することが、現在においてもできていない。ちなみに、大坂城の瓦、大坂城の金箔瓦を論じた研究者は数人いるが、大坂城天守の瓦についてふれた者は誰一人いない。つまり、大坂城天守の瓦と明快にいえる瓦がまだ発見されていないことは、天守と本丸・二の丸の瓦が区別しにくく、細かな瓦当文様にこだわることなく、軒瓦は金箔押し瓦として完成させればいいという発想ではないだろうか。建物を瓦葺きにする場合、瓦の製作は別々の生産地で行ない製品を運び込んで屋根に瓦を葺く場合と、建物に近接した場所で瓦を造形・焼成した後に屋根に葺きあげる場合とがあるが、初期の大坂城造営に際しては、若干の瓦は近くで焼成したものもあるだろうが、大部分は生産地から運び込んで一旦集めた後に、大坂城の近くで金箔押しして、その後瓦を葺き上げたのではないだろうか。これは大坂城工事が突貫工事で、現場で何万人もの作業者が従事する中で、瓦を焼く瓦窯から発する煙が出るのを嫌った処置とも考えられる。大坂城の工事現場では、瓦の大きさを揃えることと、金箔押しすること、瓦を屋根に葺き上げることを行なえばよかったのであろう。

次に出土瓦(55)(56)を具体的に検討してみよう。

まず金箔瓦では、軒瓦は中村博司氏による分類の、瓦当文様突出部および外区に金箔を一部重ねて、連続して押していく「金箔押しの技法」であり、これ以後の聚楽第や伏見城の金箔瓦もすべてこの技法によっている。

次に、本丸地区（ＯＳ84―17次）のトレンチ調査によって出土した瓦と、三の丸地区と推定されている大阪市中央体育館地域の発掘で出土した多量の瓦とは、全体としては比較的類似しているから、量と種類の多い後者の瓦について黒田慶一氏の分析を手がかりとして、一六〇〇年以前の軒平瓦を分類すると次の七群になる。①中世末の石山本願寺所用瓦、②近世Ⅱ期（一五八二～一五九一）の姫路産瓦、③近世Ⅱ期の聚楽第との同笵瓦、④近世Ⅲ―1期（一五九二～一六〇〇）の岡山産瓦、⑤近世Ⅲ―1期

第52図　大坂城と姫路城の瓦（縮尺 1：6）

1・2・6・7・9 姫路城，3～5 心光寺，8・10～19 大坂城

の四天王寺系瓦、⑥近世Ⅲ—1期の堺産瓦、⑦近世Ⅲ—1期の大坂産瓦。

このうち大坂城初期の瓦は②の姫路産瓦と、③の大坂城・聚楽第同笵瓦であり、以下では姫路産の瓦について述べよう。

近世Ⅱ期（一五八二～一五九一）に属し、姫路出土と同笵の軒平瓦は中央体育館地点で七種あり、それは第52図10（姫路城・八正寺と同笵）、第52図11・12（姫路城・八正寺と同笵）、第52図13（心光寺と同笵）、第52図14（姫路城・心光寺と同笵）、第52図15（心光寺と同笵）、第52図16（姫路城と同笵）、第52図17（姫路城・心光寺と同笵）である。このうち軒平瓦第52図3・13では、大坂城より心光寺の方が笵の切り縮めは進み、また第52図7・17では心光寺→大坂城→姫路城の順に笵の切り縮めが行なわれている。これは笵型が姫路→大坂→姫路と移動したのではなく、生産地は一貫して姫路にあり、大坂城へ瓦が供給されたことを物語るものであろう。一九九二年に中央体育館地点の瓦を報告した黒田慶一氏は、「姫路周辺の寺院や城の瓦と〈胎土も精緻で似ている〉もの」は「姫路」の「城の近辺で焼いたものと考えている」としている。[55]

なおこの他に第52図18は播州英賀の瓦大工により製作された淡路妙京寺瓦に類似し、第52図8は今のところ姫路に同笵瓦は見出せないが、「大坂城」報告の第52図19は姫路城と同笵（第52図9）の宝珠唐草文軒平瓦である。なお、姫路城出土の姫路城築成以前の瓦も大坂城で出土しているので、古い瓦も姫路から大坂城へ運ばれたと考えてよかろう。

以上の分析結果をもとに本丸地区（ＯＳ84—17次）のトレンチ調査出土の瓦（大坂城跡Ⅵ）をみると、近世Ⅱ期に属するのは姫路産瓦と考えてよさそうである（報告書の第18図42・43）。これは大坂城築城の最も初期、すなわち天正十一年（一五八三）から天正十六年頃までの大坂城創建造営期において、瓦のかなりの部分で少なくとも約半数程度は、姫路からの瓦搬入によってまかなっていたことを物語るものではなかろうか。

七　聚楽第の瓦

豊臣秀吉が関白公邸として築いたのが聚楽第であり、天正十四年（一五八六）二月に着工し、竣工が成った聚楽第へ秀吉が大坂城から正式に移ったのは天正十五年九月であった。しかし秀吉は天正十九年に、甥の秀次を関白に就任させ聚楽第も譲った。四年後の文禄四年（一五九五）に秀吉は秀次を追放し、聚楽第と周囲の諸大名屋敷をすべて取り払い、伏見へ引き移させてしまう。

聚楽第の瓦として量的に多く出土しているのは、平成三年度の京都府教育委員会による聚楽第東堀出土の発掘資料[57]であり、一方それより一キロ程東方のかなり広い地域から出土している聚楽第時代の大名屋敷出土瓦と推定される一群がある。

聚楽第東堀出土の瓦については、森島康雄氏によって分析されている。森島氏は軒平瓦を1類から42類に分類しているが、私はこの1類から42類におよぶ軒平瓦を16群（A～P）程度にまとめて整理した後、全体像を考えてみたい。

A群は軒平1類から6類まで（第53図1～5）と8類（第53図6）を含む。中心飾りは五葉弁を配し、

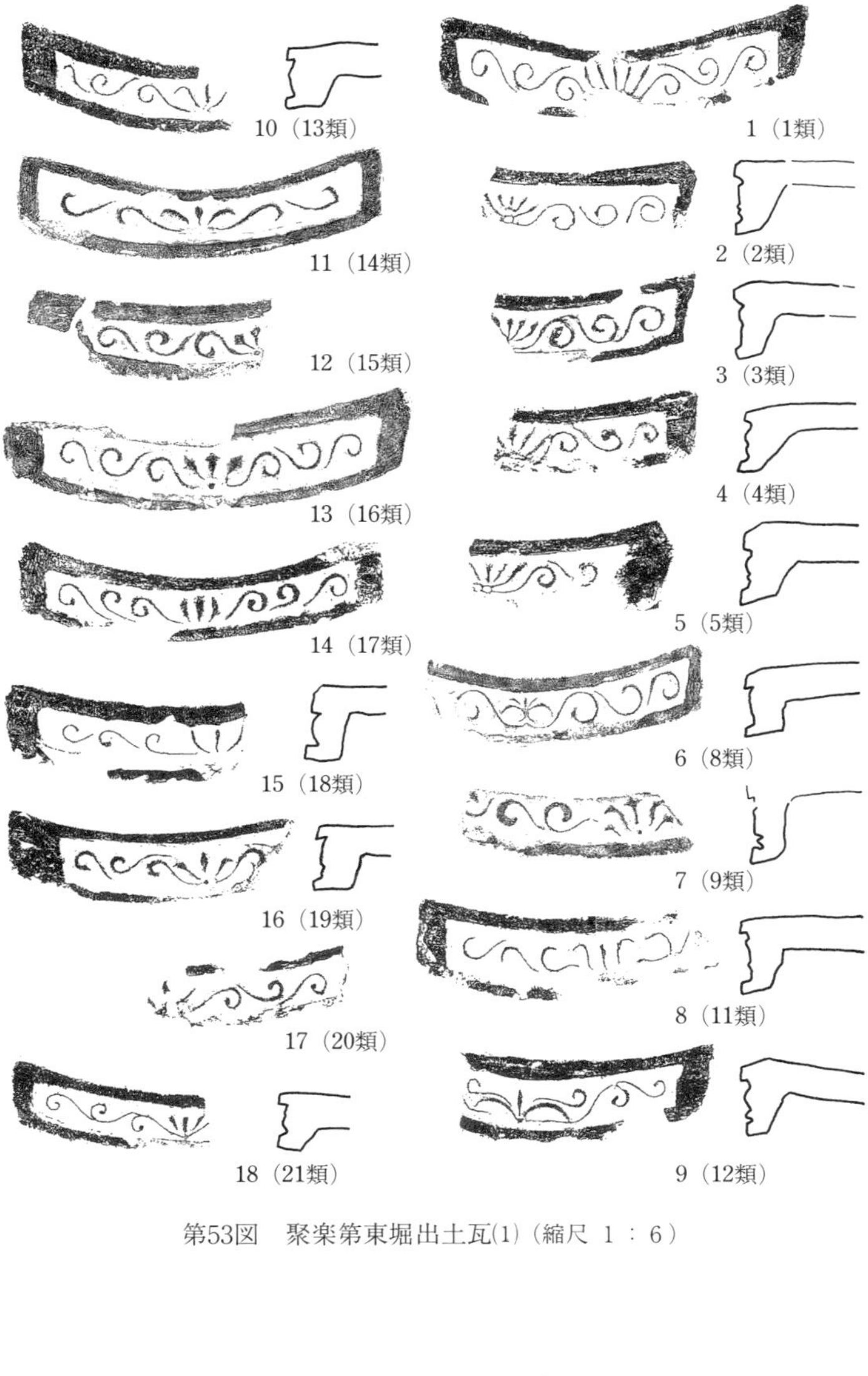

第53図　聚楽第東堀出土瓦(1)（縮尺 1：6）

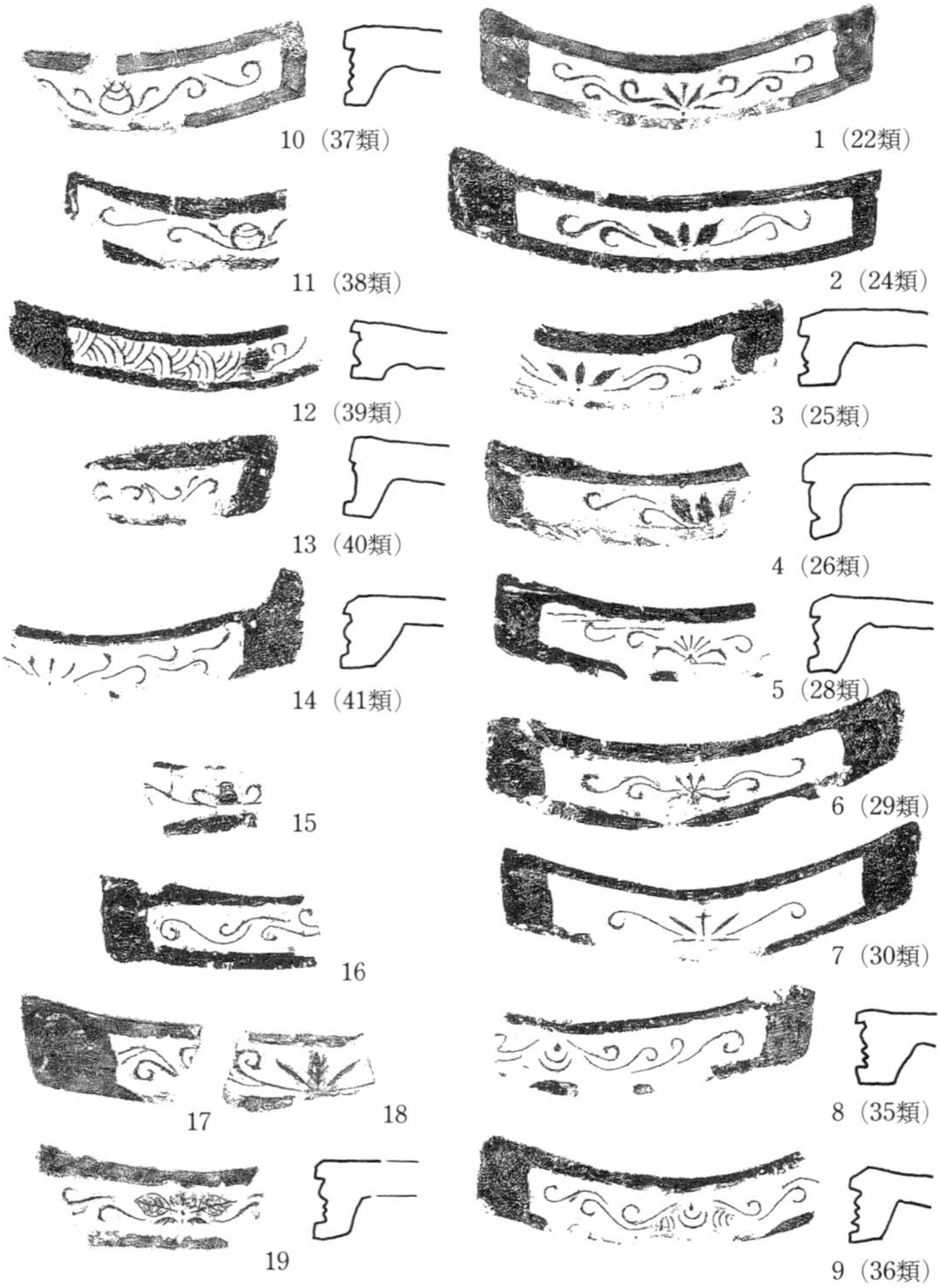

第54図　聚楽第東堀出土瓦(2)（縮尺 1：6）

唐草文は三回反転するものと二回反転するものがある。これらの軒平瓦の文様は、福田彦太郎吉長のヘラ書き銘瓦や粟田口の住人瓦大工のヘラ書き銘瓦など、京都在住の瓦工と関連ある製品と考えられ、後述する。B群は軒平9類（第53図7）と11類（第53図8）で、ともに大坂城の瓦と同笵だが、産地不明。C群は軒平12類と30類で、茶色の粒子を多く含み胎土は共通するが、産地不明。D群は軒平13類（第53図10）と14類（第53図11）で、中心飾り両脇の二葉が外開きに外傾する三葉文をもつ軒平瓦である。京都産であろう。E群は軒平16類であり、大和法隆寺例と同笵だが胎土は異なる。法隆寺例は笵が磨耗しており、京都から大和に笵が移動したのだろう。F群は軒平17類から21類（第53図14～18）および15類（第53図12）で、いずれも三葉弁を中心飾りとし、左右に三回反転の唐草文をもつもの。15類・17類・21類は大坂城と同笵であり、大坂産のものが多いだろう。G類は22類のみで、産地不明。H群は24類から26類（第54図2～4）までで、やや肉太の三葉弁を中心飾りとし、その左右に二回反転の唐草文を配する。京都産であろう。I群は軒平28類（第54図5）と29類（第54図6）で、三葉弁・五葉弁を中心飾りとし、左右に蕚状飾りを有する。京都産の瓦であろう。J群は軒平35類（第54図8）と36類（第54図9）で、宝珠唐草文軒平瓦である。この時期宝珠文は一般的には線描きへと変化しているが、このグループのみ、まだ肉彫りの形をかろうじて保っている。このJ群は播磨の瓦の系統を引くものである。K群は37類（第54図10）と38類（第54図11）で、宝珠唐草文軒平瓦である。中心に線描きの宝珠を配し、宝珠の左右に唐草の脇飾りを配し、二回反転する唐草をもつものである。37類は長岡京市勝龍寺城と同笵である。類似した資料は京都でよく見かけるもので、京都産として間違いないだろう。L群は軒平39類（第54図12）で、波状文を扇形に区分して、円弧の中心を上下に変化させていくもの。大坂城出土例と同笵。波状文と宝珠を組み合せる軒平瓦は堺や根来寺にあるが、L群の産地は不明。M群は軒平41類（第54図14）で、文様は安土城天守の瓦に若干類似するが、外区内縁に全く二次調整を行なわないなど、技法的な関連はない。産地不明。N群は報文88図163・164・168の軒平瓦（第54図17・18）であり、中心飾りを三葉弁とするが、その中心の一葉には葉脈を描く。この瓦は姫路心光寺例では左右四回反転であるが、本例は両端の二支葉を切り縮めている。姫路産の瓦である。O群は報文88図167（第54図19）の軒平瓦で、中心飾りが五葉（杏仁形三葉）で、左右に唐草文を配するもの。同笵例はないが、岡山城出土例に類似し、それは一般的には播磨阿賀の瓦大工の製品と考えられている。P群は報文88図145・146（第54図16）で、中心飾りは放射状花文で、姫路城・心光寺とは異笵だが、「播磨もしくは備前福田の瓦師の製品」と考えられているものの仲間である。なお、姫路城・心光寺例と同笵瓦は、聚楽第時代の大名屋敷（平安京左京北辺三坊四町跡）から出土している。

以上の瓦をもとに、聚楽第の瓦の特徴を考えると次のようになる。

第一に、「瓦御大工　福田彦太郎吉長」の存在である。天正十年（一五八二）十月には、本能寺の変で横死した織田信長の葬儀が、豊臣秀吉の主導によって京都大徳寺で盛大に行なわれた。その大徳寺中央伽藍の南一〇〇メートルの位置に塔頭黄梅院があり、黄梅院は室町末期創立の黄梅庵を前身とし、天正十四年より施設の拡張造営が計画され、天正十六年五月に黄梅院本堂が落成している。この黄梅院本堂[58]の大棟東側の獅子口に、次のようなヘラ書きがある。

ふく田彦太郎
よ志な賀（花押）
天正拾四年三月吉日
瓦御大工

黄梅院本堂自体は、小早川隆景の援助を契機としての造営であり、その瓦作りのためだけに「瓦御大工」と称するのはおかしい。なぜなら瓦大工に御を付けるのは、織豊期の例として発見された唯一の例だからである。そして天正十四年三月吉日の時点は、聚楽第の造営開始から一ヵ月目であり、御とは、当時の政権や幕府が造営を進める建造物の瓦方のまとめ役としての瓦御大工であると考えざるをえない。江戸時代においては、幕府御用の御瓦師寺島家の場合や名古屋や京都での将軍・幕府の造

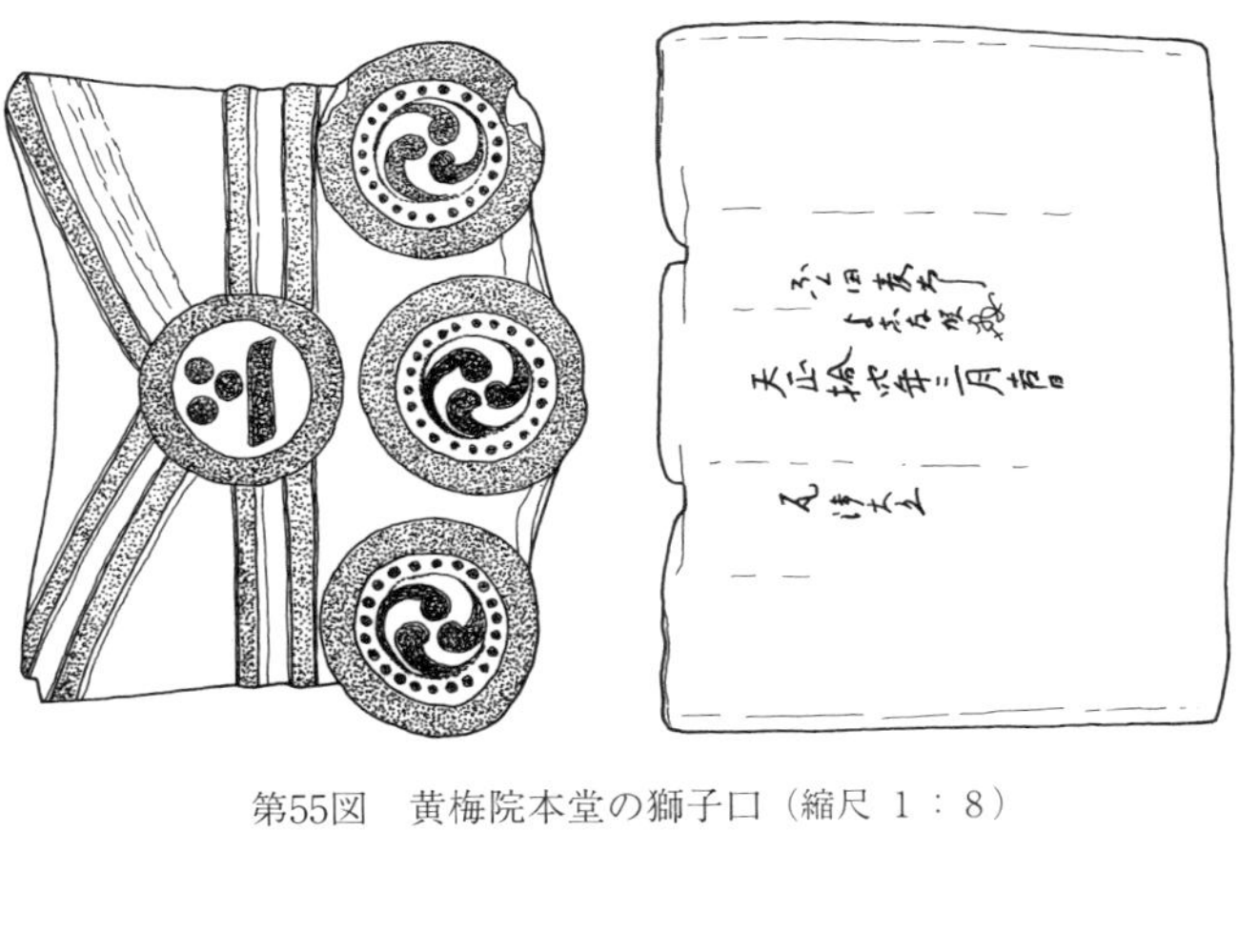

第55図　黄梅院本堂の獅子口（縮尺 1：8）

営に際して担当する御瓦師の用例があり、江戸時代後半ともなれば御瓦師の名称使用について若干のバラ付きが生じている。しかし、黄梅院本堂のこの織豊期唯一の例は、そのヘラ書きが獅子口上面に堂々と書いてあることからみても、福田彦太郎が聚楽第造営の瓦方のまとめ役として、「瓦御大工」と自称していることを物語っているものである。なお、黄梅院本堂の軒平瓦で「天正拾四年」銘と組むと考えられるものは、中心飾りは五葉弁で二回反転の唐草文をもち、聚楽第軒平瓦分類のA群の軒平瓦に類似するものである。

　第二に、粟田口の住人瓦大工との関係である。粟田口は東国街道の要衝で、京都三条筋に通ずる京都の入口にあたり、刀剣造りで有名で、粟田口鍛冶と称する場所であった。この粟田口住人と称する瓦工のヘラ書き瓦が、天正六年銘から慶長九年銘のものまで七例発見されている。それは天正六年石津寺本堂、天正十七年宇治恵心院、天正十八年東福寺勅使門、慶長三年教王護国寺講堂、慶長四年石山寺本堂、慶長五年石山寺東大門、慶長九年東福寺三門の諸例である。織豊期の京都・滋賀でのヘラ書き瓦では目立った発見数となっている。このうち東福寺の二例のみ「粟田口之住人瓦大工越中」と共通しているが、他は一例ずつ異なった名を記しており、少なくとも「西村」「瓦や」「越中」など三軒以上の瓦屋が存在したと考えてよいものである。ヘラ書きされた瓦はいずれも鬼瓦であるが、組み合うと考えられる軒平瓦に注意してみると、『東福寺三門修理工事報告書』『東福寺防災施設工事・発掘調査報告書』『石山寺東大門修理工事報告書』ではいずれも中心飾りは五葉弁を配するもので、二

〜三回反転の唐草文をもっており、聚楽第軒平瓦分類のA群の軒平瓦に類似するものである。軒平瓦の文様が類似すること、織豊期の京都寺院での粟田口住人のへラ書きの多さからみて、聚楽第の造瓦に粟田口の住人の瓦工が参加したことも、ほぼ間違いないであろう。

第三に、播磨の瓦工との関係である。すでに述べたように聚楽第軒平瓦J・O群とP群の一部は播磨の瓦に類似するが播磨に同笵例はなく、一方N群とP群の一部は播磨の軒平瓦と同笵である。すなわち、前者は播磨の瓦工人の京都への移住を示し、後者は大坂城と同じく播磨からの瓦搬入が続いていることを物語るものであろう。

そもそも十六世紀の前半から中葉にかけて、播磨の瓦大工橘氏の京都での出張製作は少なからずあり、永正十三年（一五一六）や天文二十三年（一五五四）の教王護国寺講堂、天文十八年の念仏寺などで橘時吉・国次・弥六・甚六のヘラ書き瓦が残されている。織豊期以降の京都の瓦師では、先述の福田彦太郎吉長系統の江戸期の鬼瓦や粟田口住人瓦大工の鬼瓦をみると、歯の先端を内彎形に描くものがあり、播磨の影響は若干ではあるが認められるのである。そして、織豊期において播磨から京都に移住したと思われる瓦工で、慶長の年号をもつ瓦や棟札は次の四例がある。

(一)　醍醐寺金堂棟札慶長五年「瓦大工播州式西郡安賀住藤原宗次　藤原正吉」

(二)　教王護国寺金堂平瓦「播州式西郡米賀□（住）人藤原案臣大□（原）心二郎作　慶長七年六月吉日」

(三)　妙法院大書院鬼瓦「播州式西こふりあが住人　大工徳右衛門尉内与介さく

　　　　　　　　　　　　　　　　　　　　　　　慶長八年六月吉日」
㈣　醍醐寺三宝院鬼瓦「慶長拾三年八月吉日　播州浅西郡阿賀住人藤原□ヱ門
　　　　　　　　　　　　　　　　　　　　　　　大仏瓦工□□門」

　これら四例の瓦工が聚楽第造営の時点で京都に移住したのか、あるいは伏見城築城の時点で京都に移住したのかは厳密にはわからないわけだが、いずれも「安賀」「米賀」「あが」「阿賀」の住人と記し、「ひめじ」の住人と記していないことは、秀吉の英賀制圧から、さほど遠くない時点で、さらに聚楽第造営の時点以前に播磨を去った瓦工達であることを示しているように思われる。京都深草の「青山氏系図伝記」(59)では、天正五年（一五七七）に秀吉が姫路城を築くにあたり井上与八郎は瓦を焼き、天正十一年に大坂に移り大坂城の瓦を焼き、天正十五年には神泉苑の側に瓦町を構え聚楽第の瓦を焼いたという。一方、京都西村の「由緒覚書」(54)では、播州餝西郡英賀庄西村に居住していた橋野五郎右衛門尉正尚は、天正九年に秀吉に敵対し領地を没収され、流浪の身となったのを機に、西村半兵衛と改名し、家業を求めて河内誉田の瓦工をたより、文禄三年（一五九四）に伏見城の瓦方棟梁を命ぜられたという。
　いずれにしても聚楽第において播磨産瓦が搬入され、さらに播磨出身の瓦師による京都での造瓦が行なわれたとみなければならない。

八　肥前名護屋城の瓦と九州の城郭瓦

肥前名護屋城は豊臣秀吉による朝鮮出兵の大本営となった城郭である。名護屋城の築城について『武功夜話』は、「石垣本丸御天守等は、前年庚寅島津御陣の時大いに手を加え入れられ候。此度の造作は関白殿下の御居間併せ数寄屋東西南北の御門、並びに大手御門御櫓等の御普請に候なり」と記す。すなわち、石垣・本丸・天守は庚寅（天正十八年）に築造にとりかかり、天正十九年（一五九一）十月からの造作は、秀吉の居館や山里丸・大手門・各櫓などであったと記されている。秀吉が聚楽第で朝鮮の通信使を引見したのが天正十八年十一月で、名護屋城ではそれより半年遡る、天正十八年五月のヘラ書き瓦が出土しているので、この頃築造工人によって石垣・本丸・天守が密かに作られていた。

一方、天正十九年九月に秀吉が正式に朝鮮出兵を命じてからの名護屋城造営は、フロイスが『日本史』のなかで、「短期間にこのような大事業をなし遂げるためには、全諸侯が関白の命により、多くの家屋を造ることを請け負わされ、そのために彼らは（自領の）城からおのおのの屋敷を移転させるという方法がとられた。〔それらは木造なので、たいした困難もなく移動できる〕。かくてそれらはごく

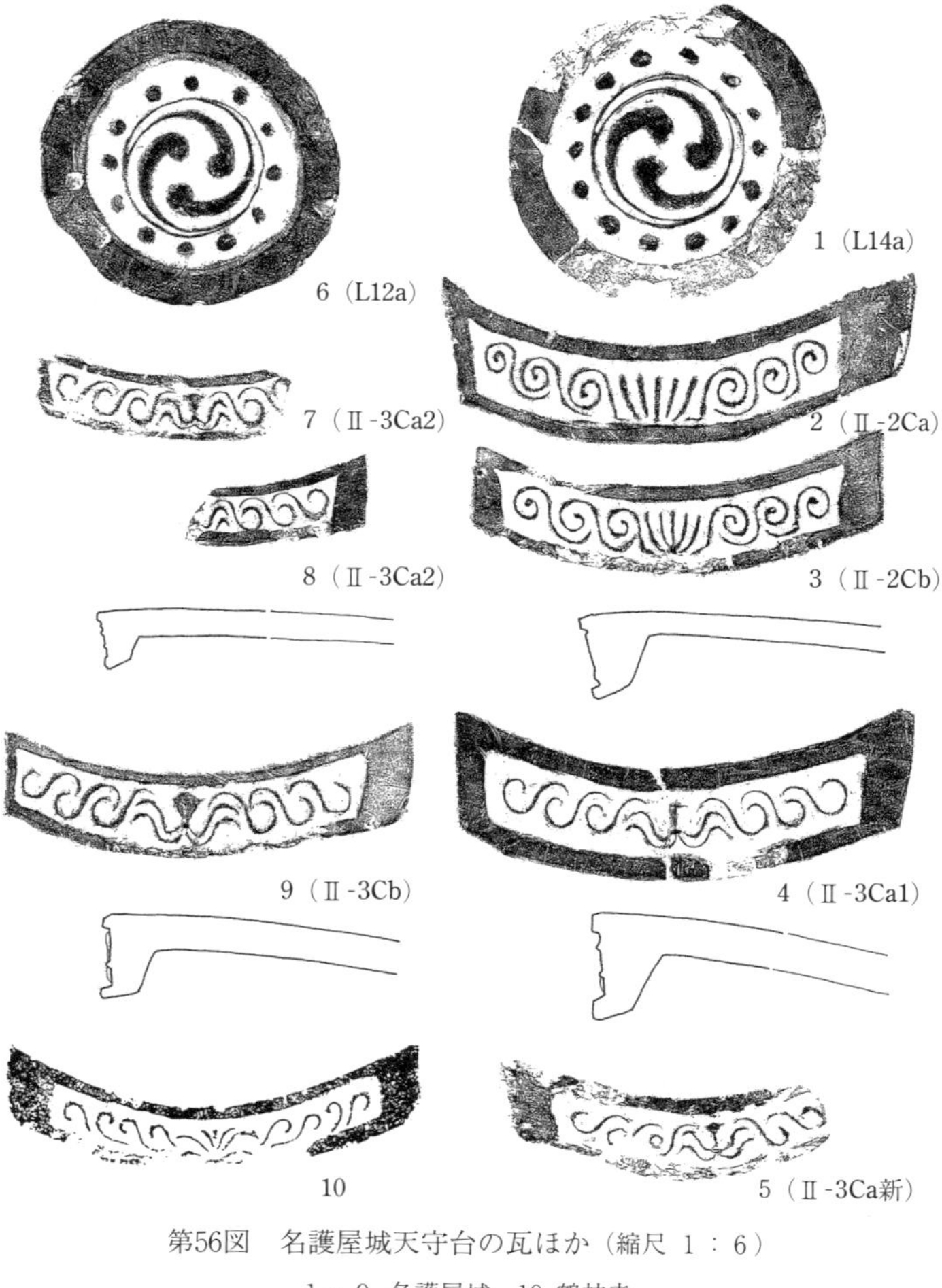

第56図　名護屋城天守台の瓦ほか（縮尺 1：6）

1～9 名護屋城，10 鶴林寺

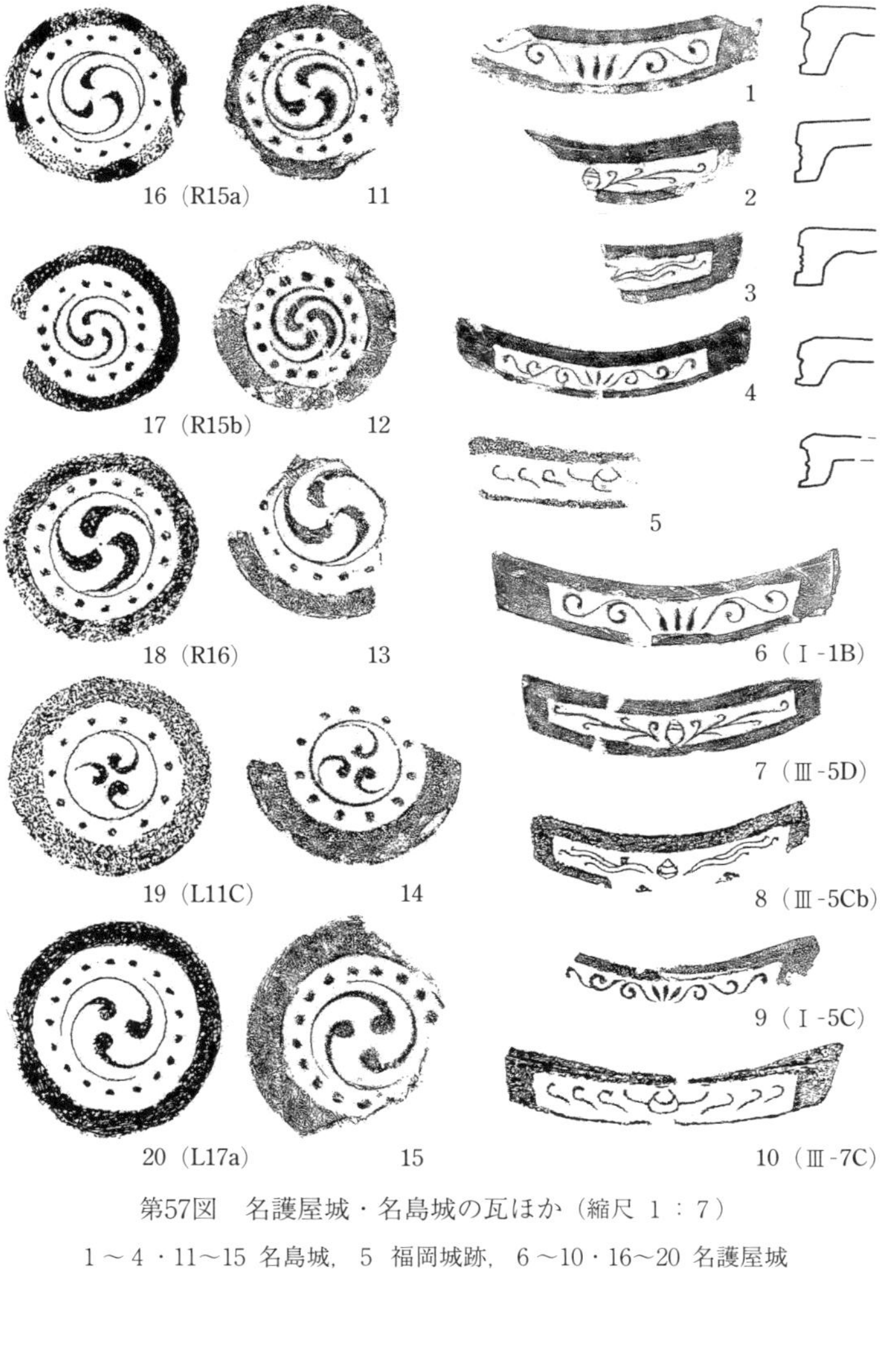

第57図　名護屋城・名島城の瓦ほか（縮尺 1：7）

1～4・11～15 名島城，5 福岡城跡，6～10・16～20 名護屋城

短期間に完成された」と記している。

以上の文献と名護屋城から出土した瓦とを併せて考えると、天守の瓦は天正十八年に「四天王寺住人」瓦工を中心として名護屋城近傍で作られ、三の丸・大手門・山里丸・搦手門の瓦は天正十九年末に筑前・豊前・肥後・肥前などから運ばれたことになる。以下、具体的な瓦を説明していこう。

まず天守台の瓦については一九九六年に後藤宏爾氏[60]が、五種類の軒平瓦が「かなりの頻度で天守台に対して使われていたこと」を指摘している。五種の軒平瓦の文様はいずれも五葉弁だが、Ⅱ2Ca・Ⅱ2Cbがやや開き気味に直立する五葉弁であるのに対し、Ⅱ3Ca$_1$・Ⅱ3Ca$_2$・Ⅱ3Cbは五葉のうち中心一葉が直立し左右の二葉は下から上に向かってカーブを描くもので、左右それぞれ三本の唐草は前者が下から上へ、後者が上から下へ向かっている。

軒平瓦の製作技法では次の共通した特徴がある。

①瓦当外区外縁を細く面取りする。

②瓦当上縁と平瓦部凹面との境目に平行する面取りがある。

③平瓦部凹面にヨコケズリ、平瓦部凸面にヨコケズリを行なっている。

④瓦表面全体に多量のキラコを用いている。

以上の軒平瓦と組み合う軒丸瓦[61]は、出土地点および製作技法からみてＩＬ12aとＩＬ14a軒丸瓦とＩＬ8の軒丸瓦であることは明らかである。

名護屋城からは「天正十八年　四天王侍住人藤原朝臣美□（濃）□　住村与介□　五月吉日吉□」のヘラ書きのある丸瓦が、水手曲輪から出土している。水手曲輪は、天守台北東の下段に位置しており、このヘラ書き瓦は天守の瓦が流れ込んだものであろう。

軒瓦における瓦当外区外縁の面取りを行なうもの、すなわちミガキ・面取りの入念な瓦は、安土城天守の瓦、清洲城瓦の一部、名護屋城天守の瓦以外には、織豊期にはほとんど認められない。この細かな面取りを行なうのが「四天王寺住人」瓦大工の特徴なのである。

さらに名護屋城での藤原朝臣美□（濃）のヘラ書き銘は、鶴林寺護摩堂の鬼瓦にある「大工藤原美濃藤二良　永禄六年」と比べて二四年後の製品であるが、どちらも美濃姓であること、軒平瓦の中心飾りが五葉文で、左右の唐草文がすべて下から上に派生する（名護屋城例ではⅡ2Ca・Ⅱ2Cb）点は、瓦工姓の同一だけでなく、軒平瓦文様においても類縁性が認められる。同じ瓦大工の系列である可能性は高い。

次に三の丸・大手門・山里丸・遊撃丸などから出土した他地域から運ばれた瓦について述べよう。

まず、筑前名島城[62]との同笵軒瓦である。筑前名島城とは軒丸瓦五種、軒平瓦四種が同笵であり、福岡城出土軒平瓦Ⅲ7Cも元来名島城のものと考えられるから、名島城から名護屋城に多量の瓦が運ばれたことは確実である。そして名護屋城出土の軒丸瓦ⅠR15a・ⅠR15b・ⅠL11C（第57図16・17・19）はいずれも丸瓦部凹面に鉄線切り（コビキB）が残るのに対し、名島城出土の軒丸瓦はⅠR15a同笵例（第57図11）は鉄線切り（コビキB）のようであるが、軒平瓦Ⅲ5Cb同笵例（第57図3）の平瓦部凹面には糸切痕（コビキA）が残る。名島城との同笵瓦は、名護屋城出土例では圧倒的にコビキBが多いようである。これはあるいは、名島城と同笵の名護屋城出土瓦は名島城の建物を解体して移動したのではなく、天正十九年末・二十年初の名島城瓦窯ともいうべき場所から、名護屋城へ搬出されたのであろう。

次に豊前中津城(63)との同笵軒瓦である。中津城とは四種の同笵の軒平瓦がある。中心飾りが三葉文・五葉文・七葉文のものそれぞれが一種あり、これらは左右の唐草文が二回または三回反転している。他の一種は三角形文を七個組み合せた中心飾りをもつが、これは大友氏府内城跡出土の蓮華唐草文軒平瓦の蓮華の花弁を極端に省略化したものである。なお中津城との同笵軒平瓦は名護屋城内では三の丸・山里門から出土している。

次に、肥後宇土城(64)との同笵軒瓦である。軒丸瓦は巴文軒丸瓦ⅠR13一種、軒平瓦は三葉文唐草文軒平瓦Ⅰ10C一種が同笵である。なお、宇土城との同笵軒瓦は搦手門から出土している。

さらに、肥後隈本城との同笵軒瓦は、宇土城とも同笵であった軒丸瓦・軒平瓦一種のほか、桐文軒丸瓦Ⅱ1bも同笵である。前者は、搦手門、後者は遊撃丸から出土している。まず軒丸瓦ⅠR13と軒平瓦Ⅰ10Cの組み合せが、宇土城と隈本城とで同笵で、さらに名護屋城内では出土地点が搦手門に限られることは、宇土城と隈本城から別々に瓦が運ばれたのではなく、宇土城と隈本城の両方に瓦を供出した肥後の瓦窯から、直接名護屋城に瓦が運ばれたことを物語るものであろう。

以上からみると、フロイスが記すような「全諸侯」が「(自領の)城からおのおの屋敷を移転させるという方法」は、各陣屋では行なわれたであろうが、二の丸・三の丸・大手門・搦手門などの造営では、自国の各城郭を解体する例は少なく、瓦でいえば各国の瓦窯で生産したものを運ぶという方式がとられたものであろう。

九州における城郭瓦は古く遡るものはなく、いずれも豊臣秀吉による天正十五年（一五八七）の島津征討以降のことである。このうち名島城・中津城・宇土城・隈本城のそれぞれの瓦について、その初期の瓦の系譜について少し述べておきたい。

名島城の瓦

名島城は天正十五年（一五八七）に小早川隆景が筑前一国・筑後二郡・肥前一郡半を与えられた時に築城した城で、その築城は天正十六年二月から行なわれている。名島城出土の軒平瓦は宝珠唐草文軒平瓦四種と三葉文軒平瓦三種が知られている。宝珠唐草文軒平瓦は中央に線描きの宝珠を配しており、大きくみると九州の中世末の宝珠唐草文軒平瓦の系譜上にあるものである。一方、三葉文軒平瓦三種のうち二種は姫路城例と類似しており、播州の瓦工との関係が想定できる。

名島城主小早川隆景は毛利元就の子で、小早川家の養子となって、まもなく新高山城（広島県豊田郡本郷町）に本拠地を移している。天正五年建立の新高山城匡真寺の軒平瓦は、中央五葉文の三回反転する唐草をもっている。天正期の備後・安芸においては天正十一年の素盞嗚神社拝殿の瓦「播州阿加」、天正十六年の厳島神社千畳閣の瓦「播州色最部河賀之庄」など英賀の瓦が波及しているが、天正五年頃の匡真寺の瓦も播州系の瓦と称してさしつかえないものである。小早川隆景が筑前に名島城を築く時、安芸の本拠地を往来した播州系の瓦工を用いることは自然のなりゆきであり、また九州在住の瓦工が参加したのも当然のことであろう。ただし、堺や西瀬戸内の様相を若干持っているのも、この時期の瓦工の複雑な相互の関係をも示しているのであろう。

中津城の瓦

天正十五年（一五八七）、黒田如水が中津の地に封ぜられ、翌十六年の正月から築城に着手した。これより一〇年前の天正五年に、織田信長の命を受けて秀吉が播磨征討に来た時、その片腕となって事業を助けたのが黒田如水であった。天正八年に播磨一円を手中におさめた秀吉は、三木城を居城に定めようとしたが、黒田職隆・如水父子の進言によって姫路城を譲り受けた。如水は市川ぞいの妻鹿にある国府山城に移る。そして、秀吉は如水を奉行として姫路城の築城に着手している。黒田如水はこのような経歴の持ち主であるから、中津城の造瓦においても姫路城に類似した瓦が製作されるであろうことは充分予想できるところである。

中津城の瓦には、肥前名護屋城と同笵の軒平瓦が四種ある。第一種は（第58図9）、中心五葉文で左右に三回反転する唐草文があり、五葉文の両端と唐草文の先端とが連結している。これは播磨置塩城出土の軒平瓦（第58図13）と共通した特徴であり、この瓦は播州「英賀」の瓦を想起させる。第二種（第58図3）は中心三葉文で、両弁が丸みを帯びて内向し、左右の唐草文は二回反転するもの。これに類似

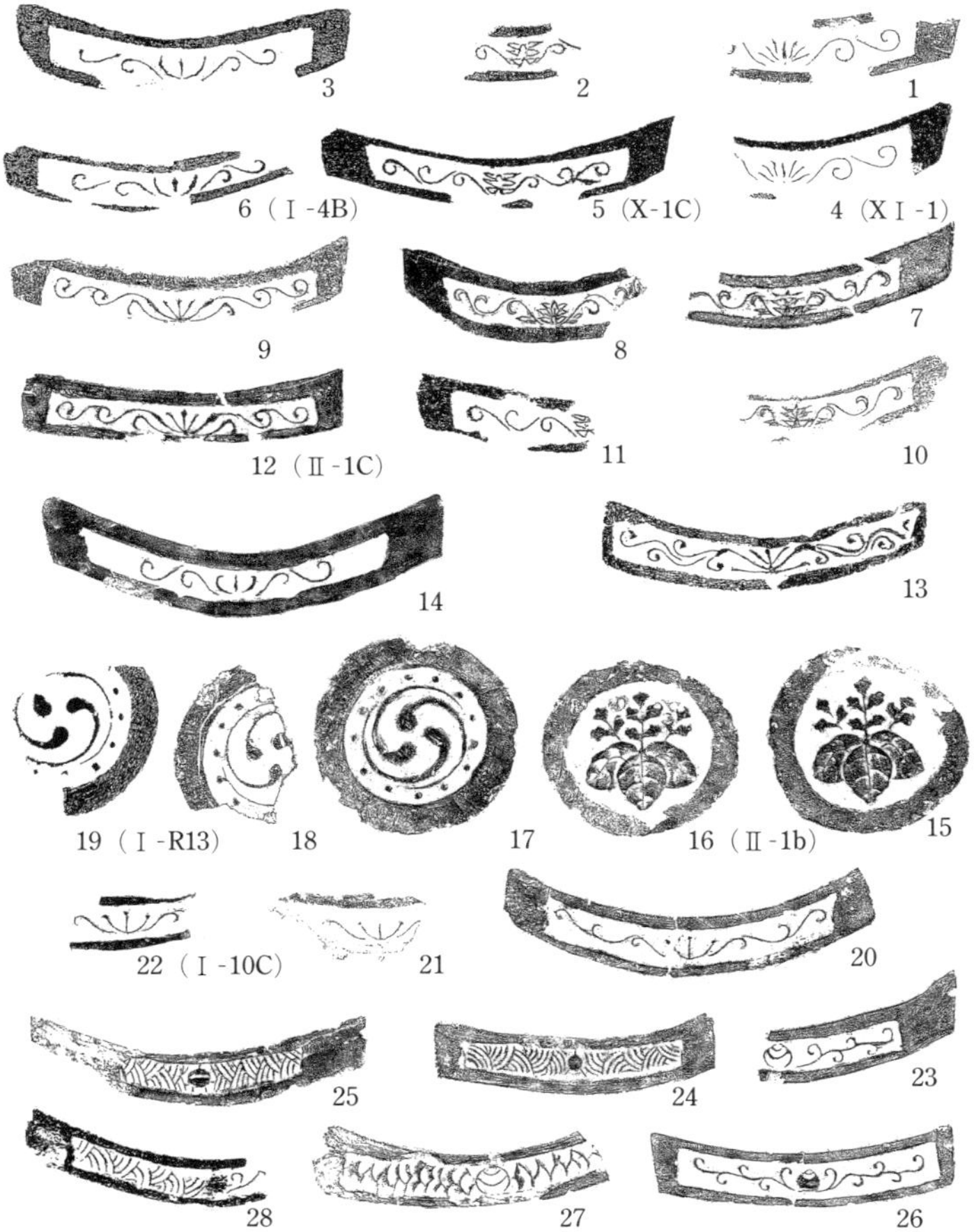

第58図　中津城・宇土城・隈本城などの瓦（縮尺 1：8）

1～3・9・10 中津城，4～6・12・16・19・22 名護屋城，7 高森城跡，8 大友氏府内城跡，11 京町御用屋敷跡，13 置塩城跡，14 長法寺，15・18・21 熊本城，17・20・25 宇土城跡，23・27 麦島城跡，24・26 堺環濠都市遺跡，28 聚楽第跡

する文様は「播州姫路助右衛門」銘の鬼瓦と組むと考えられる岡山県備前市長法寺本堂の軒平瓦（第58図14）である。この瓦は播州「ひめじ」の瓦を想起させる。第三種（第58図1）は中心七葉文で、左右の唐草文は二回反転するもの。姫路城出土例は中央九葉文であるが、中津城例はこの軒平瓦に類似している。第四種は三角形文を七個組み合せた中心飾りをもつもの（第58図2）。これは大友氏府内城跡の蓮華唐草文の蓮華文を抽象化・省略化したものである。第四種における府内城→高森城・中津城→中津城というこの地域の遺跡のみでしか追えない文様変遷のプロセスは、第四種の軒平瓦が中世末の九州の瓦工人を動員して作られたものであることを示している。ただし、第四種の軒平瓦に播州の瓦工人の関与が全くないかといえば、播州「ひめじ」の軒平瓦にはしばしば抽象化された文様が出現する（例えば星形）ので、全く関与していないとはいえないだろう。

天明四年（一七八四）頃の作とみられる『筑前国続風土記附録』には、「惣右衛門か先祖を喜多村甚左衛門といひ、新左衛門か先祖を山崎権右衛門といへり。共に元は播磨の産にて瓦を焼て業とせり。孝高公仲津に封を移し給ひし時、彼地に従ひ奉れり。其後長政公当国を領し給ひしかは、又御跡を慕ひて来れり」と記している。黒田如水（孝高）が中津城で築城した際の瓦には、播州の「英賀」と「ひめじ」の瓦工が参加していることを読みとることができるが、黒田長政が福岡城で築城した際の瓦には、播州系の瓦工の関与を、まだ読みとることができない。

宇土城の瓦

九州の戦国時代は天正十五年（一五八七）の豊臣秀吉の島津征討をもって終わり、秀吉は佐々成政を肥後に入国させたが、肥後国衆一揆によって佐々は失脚。天正十六年に、秀吉は加藤清正に肥後北部と芦北郡を与え、小西行長に宇土・益城・八代三郡を与え、加藤は隈本に、小西は宇土に居城する。

小西行長は天正十七年宇土城の普請にとりかかり、小西行重に命じ球磨川河口に麦島城を築かせた。宇土城出土瓦の中で天正十七・十八年頃の瓦は、宝珠波状文軒平瓦（第58図25）・桐文飾板をあげることができる。軒平瓦において、文様区全面を内向する波状文を組み合せ、中央部に突出した宝珠文を配するのは、宇土城以外（麦島城でも出土）では堺の瓦（第58図24）以外には知られていない。このことは、小西行長が堺商人の出身であることと関係あるものと考えてよい。そしてまた、麦島城出土の宝珠唐草文軒平瓦（第58図23）・宝珠波状文軒平瓦（第58図27）も堺の瓦と関係があるとみてよい。

なお、宇土城・隈本城・名護屋城とで同笵の巴文軒丸瓦・三葉文唐草文軒平瓦の組み合せは、名護屋城に運ばれていることからみて、天正十九年末から天正二十年初めに製作されていることがわかる。

隈本城の瓦

天正十六年（一五八八）隈本城に入った清正は、その後古城の改造に着手したという。ただし、清正が肥後全体の領主となった慶長五年以降の築造工事が大規模に行なわれており、古い時期の瓦は少ない。古い時期の瓦は、先述の宇土城・隈本城・名護屋城同笵の軒瓦の組み合せと、桐文軒丸瓦一種である。前者の瓦の組み合せの系譜は、広い意味での播州系の瓦といって、さしつかえないものである。

九　織豊期城郭瓦の特徴

中世における瓦生産は瓦大工の職をめぐり世襲を基本とする時代であり、組織内部では瓦大工がすべての権限を握っていた。瓦工組織は一般的に構成が小規模であり、最大でも一〇人程度で造瓦を行なっており、大工・権大工職を直系尊属である惣領が相伝していた。下部組織の多くも血縁者で構成された。中世後半における瓦工の技術は、みずから形を決め、造形・焼成し、建物に葺きあげるまでの計画・経営・完成する能力を十分獲得しており、さらに瓦大工になれない下部組織にもその技術を有する瓦工が出現していたため、中世的な瓦大工の世界を否定する力は、常に組織の中に内在していたのである。

そして、中世後半に入ると畿内の瓦の需要は京都・奈良の旧都市ばかりでなく、堺・深井・岸和田・貝塚などの和泉地域、天王寺・大坂・伊丹・池田・兵庫などの摂津地域、枚方・古市・松原などの河内地域、大津・守山・八幡などの近江地域、明石・加古川・英賀・三木などの播磨地域、根来・粉河・橋本・田辺などの紀伊地域など大都市周縁部の郷村内に広範囲に起った。特に瓦需要が多くなった天王寺・英賀・堺などでは多くの瓦工が集まり始め、地縁的な横の結合で結ばれる複数の瓦屋が出現しはじめたのである。

近世初頭の造瓦において主導権を握ったのは京都・奈良などの古い歴史をもつ瓦大工ではなく、摂津・和泉・播磨などの大都市周縁部の出身者であったのは単なる偶然ではない。その発展の素地は、中世後半における地方の造瓦活動の増大によって地位を向上させ、地縁的な造瓦活動の強化によって活動が拡大され、地方瓦工は大都市在住の瓦工と同じ実力を有するようになり、さらにそれを超える動きが起り始めるのである。その傾向を加速させたのは、応仁の乱およびそれ以降の京都・奈良での内乱であった。奈良ではこれによって逃散する瓦工が現われ、十六世紀中頃には、歴史的な伝統を背負う京都・奈良での瓦工は潰滅状態に陥った。これに代ったのは、「天王寺住人瓦大工」と「播州英賀住人瓦大工」であり、両瓦工の系譜は、鬼瓦の表情をみても独自の力強さがあり、個性的な美を求める傾向を有していた。

織豊期になると、城郭に瓦を葺くようになり、中世とは比較にならないほど大量の瓦生産が必要になってきた。この時期、信長や秀吉は古い特権諸職の「座」を否定し、強力な集権権力に対応する大規模な労働組織の編成を行なっているが、瓦生産の場合、木工や石工ほどの急速な労働組織の大編成がなされたであろうか。

安土城天守の造瓦は二次調整加工が入念な手間のかかる仕事であり、多くの異なった瓦工集団が係ったとは考えられず、単一の流派による造瓦であっただろう。さらに焼成後は軒瓦の瓦当の地の部分に金箔をばら蒔く「金箔蒔技法」であり、この二つの技法が伝達されたのは信長の次男信雄が普請した松ヶ島城の瓦だけであり、本能寺の変と安土城の焼失によって、この瓦工集団の活動は急激に縮小した。

この頃造瓦能力を最も高めていたのは「天王寺住人瓦大工」と「播州英賀住人瓦大工」であったが、秀吉による姫路城造営の過程で、播州「英賀」と播州「ひめじ」の瓦工が労働力の再編成を行ない、生産力を高めて来た。それに続く大坂城天守・本丸の造営では多量の播磨産の瓦が運ばれた。この時、大坂城近傍に瓦工を集めて、大規模瓦生産を行なわなかったのは、安土城焼失などを経験した秀吉が瓦窯から立つ煙を嫌ったからであり、また瓦自体は入念に仕上げる必要はなく、文様の突出した部分に金箔を押す「金箔押技法」で最後を仕上げればよかったからであろう。

しかし、聚楽第の造営、大坂城第二期造営など複数の大工事が併行して行なわれるようになると、単一のスタイルで造瓦を行なうことが困難となり、「瓦御大工」すなわち瓦方の全体責任者を決めて造瓦・瓦葺を采配させた。ここに同一場所での異なる流派の造瓦が実現することになり、瓦屋相互の技術交流はさらに進み、城郭屋根に対応した新たな瓦種の発案が急激に進んだ。

やや後の資料であるが、京都市妙法院大書院(65)では、甍棟の東鬼瓦と西鬼瓦とで、異なる瓦工の名を記している（第59図）。

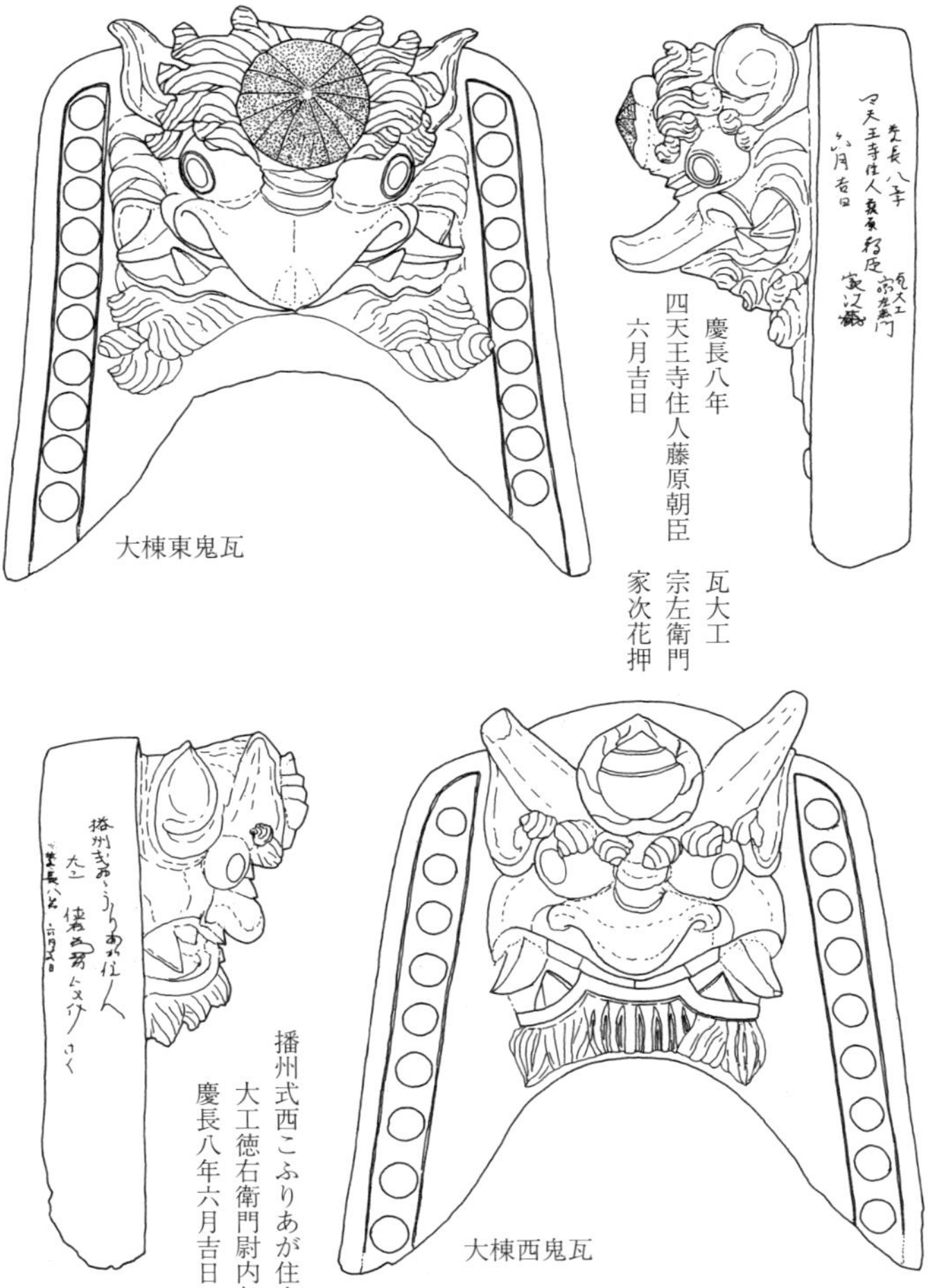

第59図　妙法院大書院鬼瓦（縮尺 1 : 10）

寺伝によると、大書院は元和五年（一六一九）に後水尾天皇の中宮である東福門院が入内当時の旧殿を下賜され、移築したものであるという。妙法院は秀吉の大仏殿建立に際して現在地に復興されたものであり、秀吉時代末期の京都の瓦工の状態をよく物語るものとみてよいだろう。慶長八年（一六〇三）銘の東棟鬼瓦と西棟鬼瓦をみると、鬼瓦の全体形や年月日の書き方など、両瓦工の合意のもとで鬼瓦の調子を合せたふしが認められる。これは織豊期後半には「四天王寺住人瓦大工」と「播州英賀住人瓦大工」とが、同一場所で瓦作りを行なった経験が何度かあったことを物語っているであろう。

そして、東棟鬼瓦の作者は瓦大工宗左衛門で、その年代と花押から寺島宗左衛門休清と考えられる。宗左衛門は大坂冬の陣・夏の陣に関東方として参陣し、大坂城内の様子を江戸に知らせた人物として著名であり、陣の後、徳川氏から後の南瓦屋町の地四万六〇〇〇坪を下賜され、御用瓦師寺島家を隆盛に導いた最大の立役者である。その宗左衛門が一六〇三年の時点（四十四歳）で自から鬼瓦を製作していることは、この時点では寺島は有力な瓦大工の一人でしかなかったことを物語っている。ただ鬼瓦の表現は、獣性豊かな鬼瓦を作りあげる四天王寺住人瓦大工ならではのものであり、秀逸のできを示している。

一方、西棟の鬼瓦の作者は、播州あが住人瓦大工徳右衛門尉の部下である与介が作っている。徳右衛門のヘラ書き銘が残るのは、他に八幡市善法律寺本堂大棟鬼瓦に、「慶安五年卯月吉日　山城国紀伊郡深草住人藤原朝臣瓦師徳右衛門」とあるのが唯一の例で、播州あが住人と称しながら深草に居住した瓦師であることが判明する。「先祖由緒覚書」や「青山氏系図伝記」などを残した西村氏や青山氏には徳右衛門の名はなく、その姓は明らかではないが、徳右衛門の部下が寺島宗左衛門休清と仕事を分けあっていることは、深草瓦創立の頃（伏見城造瓦の際）には徳右衛門が最も有力な瓦大工であったことを物語るものであろう。

いずれにしても聚楽第造営期から伏見城造営にかけて、大規模な労働組織の編成が行なわれたのであり、同一場所での異なる流派の造瓦が実現したのである。この共同作業は徹底して無駄を省き、城郭瓦から瓦工銘のヘラ書き瓦を全く生じさせなくしてしまった。この時期人名を記すヘラ書き瓦が城郭において残されるのは肥前名護屋城天守の瓦のみであり、それは「四天王寺住人瓦大工」のみが名護屋城天守の造瓦を受け持ち、造瓦工自ら葺工として働いたからである。自ら製作した瓦を、他の流派の瓦工が葺くかもしれないという状態では、瓦に自分の名をヘラ書きすることなどできないであろう。ここに、織豊期城郭における労働組織の大編成の跡が認められる。

Ⅳ　江戸時代前期の瓦生産と御用瓦師の成立

一　御用瓦師寺島家——大坂と京都

江戸時代前期の大坂に、徳川氏との縁故によって、苗字帯刀御免で扶持をもらい、特権によって幕府の請負をなす有力商人があらわれ、これを世に「三町人」と呼んだ。この三町人の一人に、瓦の専売権を与えられた寺島藤右衛門がいた。以下では『御用瓦師寺島家文書』[66]と、実際の古建築にのる寺島製と思われる瓦とを対比させながら、初期の御用瓦をみていきたい。

寺島の祖　三郎左衛門直治

この寺島の祖と称する人物は、慶長十六年（一六一一）天王寺において没しているが、大坂以外の活動場所は紀伊と三河であると主張している。

京都寺島家の「寺島之系図」では、①紀州粉河寺島に生まれたゆかりで寺島と称す、②根来寺支配奉行役にあり根来と称す、③根来寺兵乱（一五八五年）の後、父祖代々の在所である摂津天王寺に居住、④秀吉公、秀頼公へ御目見えし、御用瓦を相勤めた、⑤権現様が三河に在城の時、御用瓦を仰せ付けられたという。

第60図　「寺島之系図」（略図）

- 寺島三郎左衛門　名直治　法名宗祐　慶長十六年辛亥年六月七日歿
  - 宗左衛門　名道友　法名休清　永禄三癸申年生　元和九癸亥年四月十二日歿　六十四歳　休清者三郎左衛門姉之子ニ而甥也、三郎左衛門初倅無之節養子ニ仕惣領ニして家督を譲り、実父者千葉宗左衛門宗玄之子也
    - 女子
    - 女子
    - 宗左衛門（惣左衛門）　名直清　幼名藤蔵　初名藤右衛門　法名宗休　慶長八甲卯年生　京都ニ住宅仕候、就御用江戸江罷下り、於江戸病死、寛文十二壬子年閏六月廿八日歿
      - 女子
      - 宗兵衛
      - 女子
      - 釣玄（玄洞）
        - 僧
        - 女子
        - 玄好
        - 某
        - 厳之助
      - 女子
      - 吉左衛門
        - 吉左衛門
        - 女子
        - 女子
        - 三郎兵衛
      - 虎之助
      - 文右衛門
      - 利迅
      - 女子
    - 三郎兵衛　法名宗栄　承応二癸巳年二月廿九日歿、四十一歳、於江戸病死
      - 三郎兵衛
      - 女子
      - 女子
    - 五郎兵衛　法名善休　寛永十三丙子年十一月廿一日歿、二十五歳
    - 女子
    - 藤右衛門　初宗右衛門　法名紹真　生落候より外舅天王寺屋善兵衛申者之方江養子ニ遣、兄宗左衛門病気ノ節上方雇候而、宗右衛門と為名乗、兄宗左衛門与一所ニ御用相勤、於大坂死去仕候
      - 藤右衛門
      - 五郎兵衛
        - 藤右衛門
        - 藤右衛門
        - 女子
      - 僧
      - 女子三人
    - 清兵衛　名冬相　貞享元甲子年十二月晦日歿、六十七歳
      - 僧二人
      - 女子二人
    - 九郎左衛門　名宗清　元禄四辛未年三月十二日歿、七十三歳
      - 九郎次郎
      - 虎吉
  - 三左衛門　初名宗次郎　於江戸病死
    - 宗治郎　於江戸早世仕候
  - 三郎左衛門　若名甚七　法名宗順　寛文十二壬子年六月三日歿　和歌山ニ住宅仕候
    - 七兵衛　紀州和歌山ニ而生、江戸ニ住宅、於江戸ニ病死
      - 七兵衛
    - 甚兵衛　紀州和歌山ニ住宅仕、於和歌山病死
      - 甚兵衛
      - 三七
    - 甚七　紀州若山ニ而生、大坂ニ住宅仕、其後江戸ニ住宅仕候
      - 甚七
  - 源左衛門　宗左衛門実弟ニ而千葉宗玄倅
    - 壱岐　大坂ニ而生、伯父三左衛門跡目無之候付、江戸江罷越三左衛門家業相続仕、御用瓦相勤於江戸病死
      - 重兵衛
      - 吉兵衛

一方、大坂寺島家の「先祖覚」には、⑥天文の頃、三河へ行って御用をなし、権現様が岡崎城に入ると御用瓦を仰せ付けられたという。

宗（惣）左衛門休清

三郎左衛門の養子（姉の子）となり、後を継ぐ。永禄三年（一五六〇）生まれ、元和九年（一六二三）六十四歳で没。名は直友を改め、休清。

「寺嶋吉左衛門」の「由緒書」では、⑦天正四年信長公が安土城を作る時、十八歳で御用を勤め御褒美をいただいた、⑧秀吉公が大坂・伏見城を造る時、父三郎左衛門と共に御用を相勤め、⑨天正五年権現様が三河に在城の時、御用を相勤め、その時、瓦土場・細工小屋・居屋鋪までいただいて、道具・馬などを拝領したという。

次に大坂寺島家の「先祖覚」では、⑩権現様岡崎城に在城の節に御用瓦を仰せ付けられ、⑪御陣のたびごとに御馬の藁を惣左衛門より差し上げるのが吉例であった、⑫権現様が伏見在城の時に、天王寺新右衛門・川畑源左衛門・川畑六郎兵衛の三人が奉行に頼み、新たに割り込んで御用瓦を用命されようとしたが、不届者として罰せられ、この時から惣左衛門の持鎗が御免になったとする。

関ヶ原の役（一六〇〇年）以前における三郎左衛門・宗左衛門親子の業績は以上のように伝えるが、どこまでが本当で、どこまでが作り話であろうか。

まず寺島の祖三郎左衛門が寺島で生まれ、根来寺と関係があり、根来寺兵乱の後天王寺に居住したとするのは、永正十二年（一五一五）の根来寺多宝塔の鬼瓦に「天王寺彌二郎」とあり、雁振瓦に「谷川嘉左衛門」とあるのを想起させ、「谷川」と「根来」は場所が違うけれども、根来寺の瓦の中に、天王寺の瓦師名と根来や谷川などの在地の瓦師名との併存がみられる点は共通するものであり、①・②・③は信頼してよいだろう。

一方、⑤・⑥・⑨の古い時代の三河での活躍は、家康との関係を遡って強調するものであり、いつの時点から家康との関係が深まったのかは検討に値するけれども、家康の岡崎在城時（一五六〇～一五七〇）または⑨の天正五年に、御用瓦を仰せられたというのは無理（一五八五年まで根来に在住している）だろう。徳川家の御用を受けているため、その縁故を遡って主張するのは、日常的に起りうる話であろう。

ところで、⑦の安土城との関係はどうだろうか。安土城に関しては、この寺島吉左衛門の「由緒書」のみに記されているが、この「由緒書」は、⑦信長の安土城、⑧秀吉の大坂城・伏見城、⑨家康の三河在城の造瓦に関係があると主張しているのであり、それぞれの時の権力者との総花的な関係を述べているので、その中味について全部を信じることはできるはずがない。⑦の安土城の造瓦、⑨の三河在城時の造瓦について御用瓦を勤めたとすることの信頼性は極めて低いだろう。ただし、安土城については四天王寺住人瓦大工によって製作された可能性が高く、その地縁関係をもつ瓦工集団の一群の伝承が、寺島の由緒書の中に入り込んだ可能性は充分にあると、これまでに私が記して来ている。

秀吉との関係では、④・⑧は具体性が乏しいのに対し、家康との関係である⑪・⑫は、きわめて具体的な記述である。つまり秀吉の大坂城や聚楽第の造営に際しての造瓦には、関与しなかった可能性が高い。一五八五年以降、根来から天王寺に移って来たのだから当然であろう。しかし、⑫からみると、伏見城の造瓦に関しては、ある時点から、何らかの有力な立場についた可能性は高いといえるのではないだろうか。なお、⑪の家康の御陣ごとに、馬の藁を惣左衛門より差しあげるのが吉例だったというのは、ありそうな話であり、瓦というより惣左衛門の家康への取り入り（の成功）によって、急速に有利な立場を得るようになったというのが本当のところだろう。

次に関ヶ原の役以降で、宗左衛門が没する元和九年（一六二三）までの状況をみていこう。

大坂寺島家の「先祖覚」には、⑬大坂の陣に際し、惣左衛門は大坂城中の様子を密かに江戸幕府に内通していたが、これが大坂衆に露顕して殺されそうになったので、家財を捨て置いて京都に逃れ、その居宅を大坂方より没収地として焼き払われた、⑭惣左衛門は大坂冬・夏両度の陣に関東方として参陣し、天王寺のあたりは先祖からの在所であったため被官の者が多くいたので、茶臼山陣場の用懸りを仰せ付けられ、諸職人を差し出し指図に勤めたという、⑮大坂城が落城した元和元年に、後の南瓦屋町の地四万六〇〇〇坪を拝領した、⑯家康が他界した時、惣左衛門は剃髪して休清と改名した、葬送の供もして、追善を終えてから大坂に帰ってきた、⑰休清はこうして大坂において、徳川家の「上方御買上物御用」を仰せ付かり、諸商人が休清方に入り込むようになり「公儀御台所」とさえ唱えら

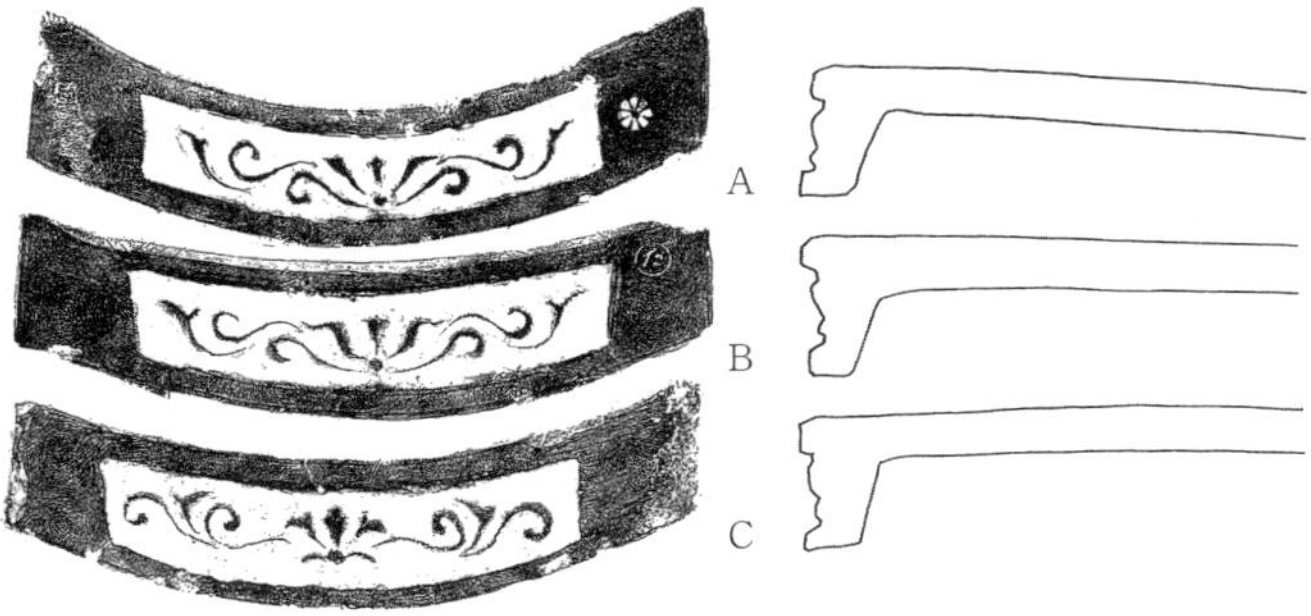

第61図　四天王寺の軒平瓦（縮尺 1：6）

れ、休清は紋付・時服・羽織・数寄屋道具までも拝領した、⑱元和五年、大坂城代内藤紀伊守は休清をたびたび呼んで大坂の事情を聞き、役料として二〇〇俵を下し、御殿番勤務を命じられたが、これは辞退したと記している。

次に、この時期の寺島製の瓦について述べよう。

まず、先述の妙法院大書院の鬼瓦にある「慶長八年　四天王寺住人藤原朝臣　瓦大工宗左衛門家次　六月吉日」が、その年代と花押から寺島宗左衛門休清が、自らヘラ書きした文字と考えられる。すでに述べたように、休清は一六〇三年の時点では最有力の瓦工ではなく、播州英賀と称する瓦大工「徳右衛門」には及ばなかったとみられる。しかし、その後、急速に最有力の瓦工に上り詰めたのであろう。

もう一つ、寺島の瓦と考えられるのは、元和年間の四天王寺造営の瓦である。

慶長十九年（一六一四）大坂冬の陣で焼失した四天王寺は、元和四年（一六一八）に至り徳川秀忠によって伽藍の復興が着手され、元和九年完成している。この時に再建されたもので現在まで残っているのが五智光院[67]・元三大師堂[68]・本坊方丈[69]などであり、この時に使用された三種の軒平瓦（第61図）は、いずれも瓦当面外区の内縁・外縁を面取りする二次調整加工の丹念なもので、寺島の瓦にふさわしいものである。元和四～九年の年代における大坂の寺島が獲得した地位、四天王寺という位置的関係、将軍秀忠による造営ということ、さらに本坊西通用門から得られた「元和六年　瓦屋長五郎」の銘文瓦が、四天王寺薬師堂か五智光院の瓦と考えられている点、そして瓦の調整加工が入念な点からみて、寺島配下による製作品とみてほぼ間違いあるまい。この三種の軒平瓦はほぼ同時期の瓦ではあるが、中心三葉文が直線的に開くAが古い様相をもち、中心三葉文両脇が曲線的に伸びるBがこれに次ぎ、中心三葉文両脇が二又に開き、下部に蕚をもつCが、文様的には最も進んだものである。

宗左衛門休清の子は九人いるが、そのうち男子は六人であり、まず長男から四男までを簡単に述べよう。

長男　宗左衛門直清

慶長八年（一六〇三）生まれ、寛文十二年（一六七二）没す。京都寺島の「寺島之系図」では、⑲宗左衛門が八歳の時に権現様・台徳院様に御目見えした、⑳初め大坂に居住し、寛永年中、京都の宅に居住した、㉑禁裏・院中・大坂城・水口城その他の茶屋・蔵・神社・仏閣など上方筋の瓦御用一切は京都の惣左衛門と大坂の藤右衛門とで配分して相勤めた、㉒江戸では西御丸・紅葉山の御用を勤め、その後江戸での御用瓦に就き、江戸で病死したと記す。

次男　三郎兵衛宗栄

承応二年（一六五三）に、四十一歳で没す。寛永九年（一六三二）より江戸へ行き、江戸の御用を勤め、江戸にて没す。

三男　五郎兵衛善休

寛永十三年（一六三六）二十五歳で没す。京都寺島の「寺島之系図」では、㉓兄宗左衛門の指図で、大坂に居住し、兄宗左衛門と「一所」に御用を相勤め、病気で京都にて没したと記す。

四男　藤右衛門紹真

この人物が「三町人」の一人、寺島藤右衛門である。

兄で長男の宗左衛門直清が奉行所にあてた訴状では、㉔弟藤右衛門紹真は腹替の弟で、生まれてすぐ母方の伯父の所に養子に行った。一五年前（一六二一年）自分（直清）が病気の時に、水口城などの仕事で名代として遣わし、自分は京都に仕事があり京都に居住して大坂屋敷は預け置いていたが、その後藤右衛門が屋敷も金銀・道具・仕事もとってしまったと、主張している。

藤右衛門の奉行所での「覚」では、㉕長男宗左衛門は親から勘当をうけ京都に引越ししたのであり、私の兄の五郎兵衛が親の家を継いだが、彼が二六年前（一六三六年）に死んだ時子供がなかったので、私が家を継いだのであり、そのことは、大坂城代と町奉行衆が知っている、と主張している。

この長男と四男の本家相続をめぐる争いは、寛永十三年（一六三六）の三男の五郎兵衛の死以降、万治三年（一六六〇）の長男宗左衛門の江戸への出訴まで長い間続いているが、その間に幕府御用瓦の割り付けが変化している。

まず、京都寺島吉左衛門が奉行所に提出した「御公儀様御用瓦相勤来候覚」では、㉖先年小堀遠江守殿の指図で、京都の宗左衛門が七分、大坂の藤右衛門が三分の配分になったとする。この小堀遠江守政一は寛永十一年から「畿内の訴訟をあづかりきく」と伝えるから、この七分―三分の配分が決定したのは三男五郎兵衛が没した寛永十三年から数年後のことであると考えてよかろう。なお、この七分―三分の配分は、京都における御用瓦の配分と考えられるが、厳密にはわからない。

しかしこの一旦決められた配分についても、再び争いが起こり、承応元年（一六五二）に親類中の調停により「御公儀御用瓦割符之事」として、次のように決め、宗左衛門と藤右衛門とが署名している。それには、㉗㈠大坂を除く京都やその他各地の新作事は宗左衛門が六分、藤右衛門が四分、㈠大坂での新作事は宗左衛門が四分、藤右衛門が六分で、大坂での修復の分は、藤右衛門一人で行なう、㈠禁中・新院・仙洞・女院御所・二条城・水口城の修復の分は宗左衛門一人で行なう、としている。

以上のような経過をたどっているので、実際の割り付け、両者の配分は複雑であり、それぞれの実例にあっては、個々の場合でどうなされたのかをみていく必要がある。

具体例としての第一は、寛永十年（一六三三）の清水寺本堂の瓦である。

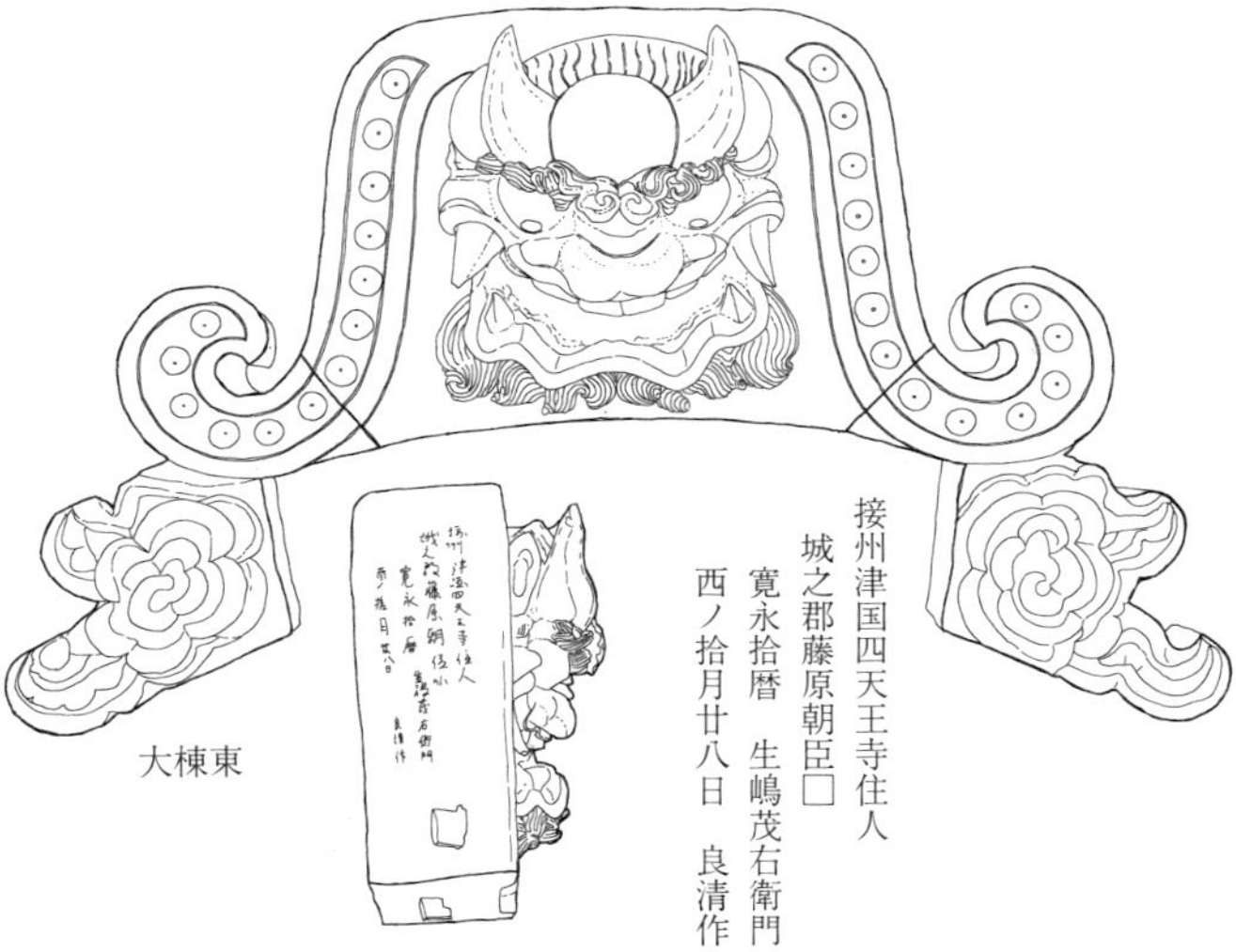

大棟東

接州津国四天王寺住人
城之郡藤原朝臣□
寛永拾暦　生嶋茂右衛門
西ノ拾月廿八日　良清作

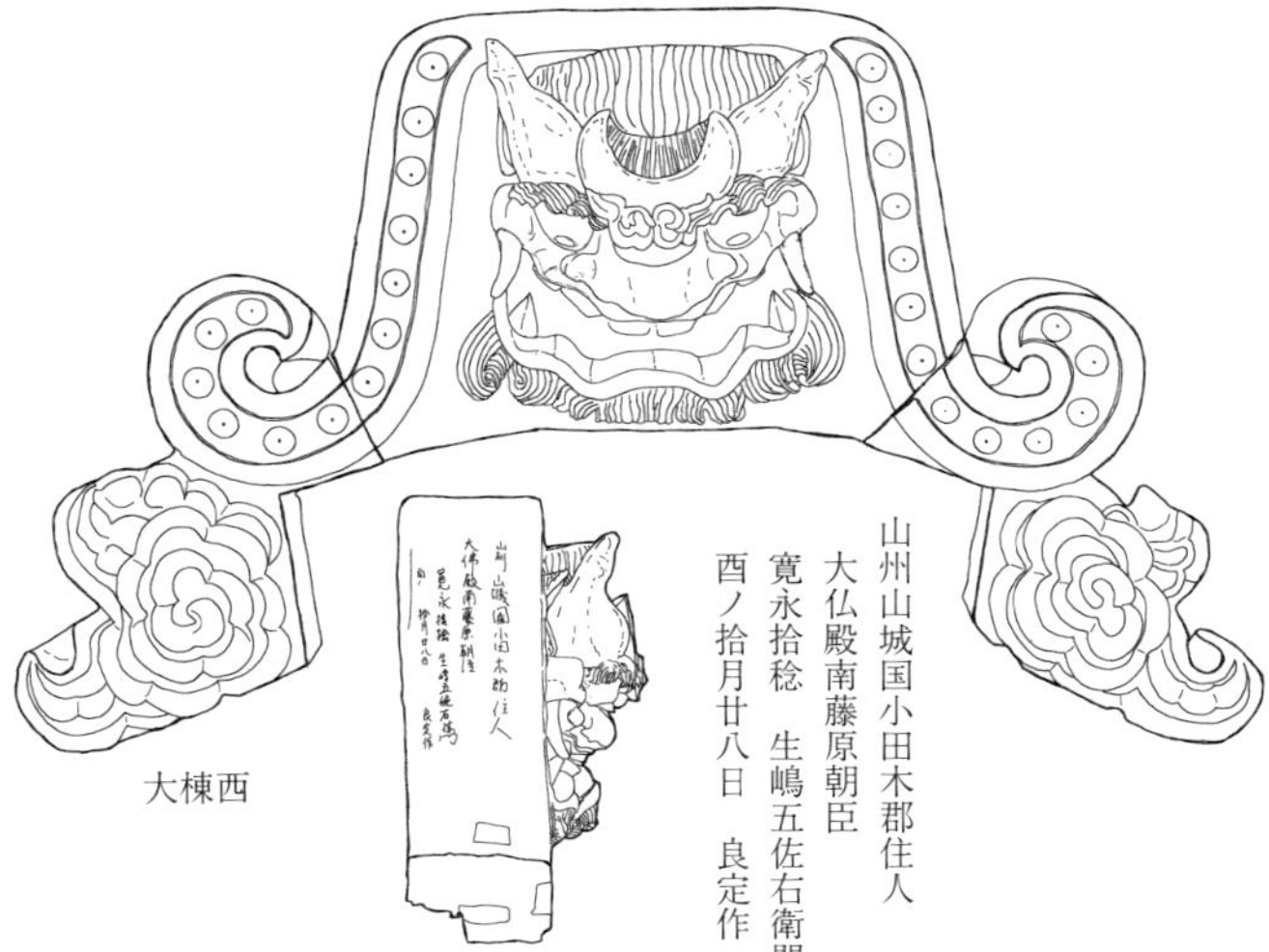

大棟西

山州山城国小田木郡住人
大仏殿南藤原朝臣
寛永拾稔　生嶋五佐右衛門
酉ノ拾月廿八日　良定作

第62図　清水寺大棟鬼瓦（縮尺 1：25）

清水寺(70)は寛永六年に本堂はじめ諸堂が焼失し、本堂は家光の援助によって寛永八年から工事をはじめ、十年十一月に落成しており、大棟の鬼瓦にはヘラ書きがある（第62図）。

二つの大棟鬼瓦は作風は同じで、細部表現まで一致しているので、両瓦工は相互に相談しながら大棟鬼瓦を製作したことは間違いない。そして、四天王寺の住人である生島《いくしま》茂右衛門良清と、小田木《おたき》（愛宕）郡大仏殿南の住人である生島五佐右衛門良定とは、おそらく兄弟の瓦工であろう。生島氏は摂津生島荘出身で、地縁的な関係から寺島の配下に入ったものであろう。この寛永十年という時点は、大坂では三男五郎兵衛が生存しており、正に史料㉓の、兄宗左衛門の指図で大坂に居住し、京都にいる兄宗左衛門と「一所」に御用を相勤めたことを想定させるような、左右よく揃った大棟の鬼瓦である。

具体例の第二は、知恩院の瓦である。

家康は浄土宗を信仰しており、浄土宗本山知恩院を徳川家の香華の寺として寺地を大きく拡張し、大殿諸堂を造営した。しかし寛永十年（一六三三）、主要堂宇が焼失した。同年、家光は再興を命じている。

知恩院集会堂は、寛永十二年に再建されたことが鬼瓦銘から判明し、京都府教育委員会によって、平成十七年から二十三年度まで修理工事が行なわれている(71)。集会堂の鬼瓦には「瓦や宗五」と「一郎兵衛」のヘラ書きがある。「瓦や宗五」とは、三男の五郎兵衛善休であり、病没する一年前の作品であることが知られる。一方「一郎兵衛」とは、京都寺島吉左衛門の「御公儀様御用瓦相勤来候覚」の中

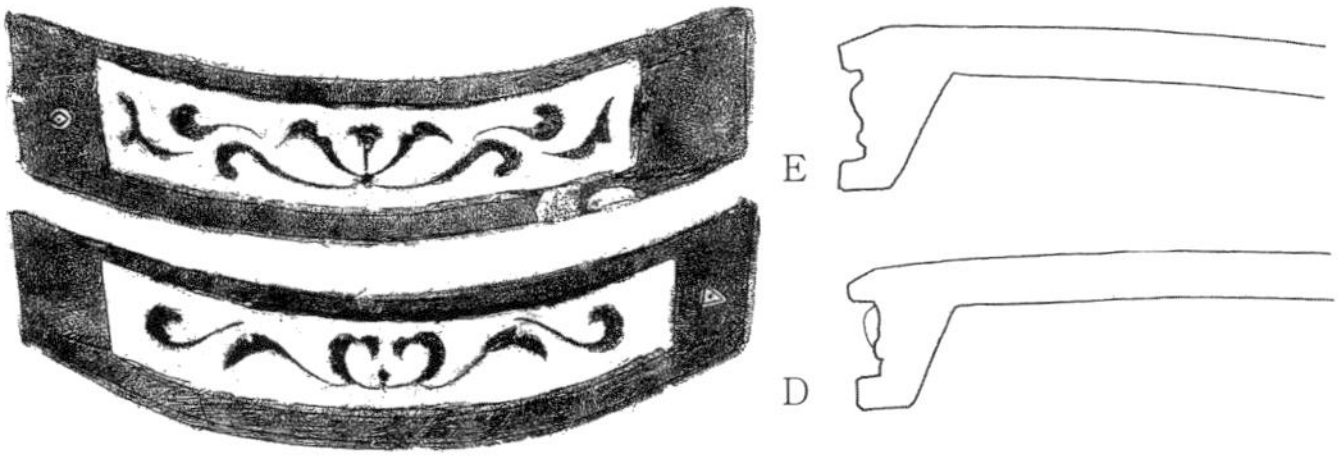

第63図　知恩院集会堂の軒平瓦（縮尺 1：6）

に出てくる宗左衛門の三人の手下「京都の六左衛門・市郎兵衛、堺の源兵衛」のうちの市郎兵衛にあたる、と考えてよい。すなわち京都の市郎兵衛と大坂の五郎兵衛善休が共同で作業を行ない、史料㉓の「兄宗左衛門と『一所』に御用を相勤め」たことを物語るものである。

知恩院集会堂の軒平瓦では、二つの異なる瓦文様をもつタイプの軒平瓦が、相半ばしている。一つは（第63図E）中心飾り三葉文の両脇が曲線的に伸び、途中くびれるもので、全体としては四天王寺Bの文様を受け継いでいる（集会堂では最低二種の笵がある）。もう一つは中心飾り二葉文で、二葉は内向する（第63図D）文様の瓦である（集会堂では最低三種の笵があり、そのうち一種は彦根城と同笵）。この二つのタイプの軒平瓦がおそらく寛永十二年に同時に製作されたものと考えられる。すなわち、知恩院集会堂の鬼瓦は、惣左衛門の手下である市郎兵衛（一郎兵衛）と、大坂寺島の五郎兵衛（瓦や宗五）が「『一所』に御用を相勤め」たものであり、その二つの製作集団が二つのタイプの軒平瓦を作ったと考えられる。

平成二十四年度以降には、知恩院本堂（御影堂）の修理工事が行なわれる予定である。知恩院は、寛永十八年（一六四一）に至って、御影堂をはじめ大・小方丈、庫裡などすべてを完成させた。御影堂の瓦が具体的にどのようなものかは、平成二十四年度以降に明らかになるわけだが、宗左衛門が奉行にあてた訴状には「藤右衛門壱人仕候知恩院本堂瓦之儀」は、「銀大分多く取候事盗ニ而御座候事」とし、藤右衛門の奉行所での「覚」では、「知恩院御造之瓦」「寛永十七辰年瓦代・磨賃・車力、時之相場を御吟味被成御勘定相究申候、其御究之様子御奉行片桐石見守殿江御尋可下候」としている。そして、一九一五年には高橋健自氏によって「御影堂　知恩院三十三代円誉廓源　慶安元年　御瓦大工　大坂寺島藤衛門」の「型押」瓦が紹介されている。これは年次（一六四八年）からみて、おそらく修理瓦であって、取り決めからいえば京都の寺島が作った方が無難である。しかし、実際には大坂藤右衛門が作っていることは、それ以前の御影堂本工事の瓦作りもまた、藤右衛門「壱人」が作ったことを物語るものであろう。

この慶安年間の大坂寺島と京都寺島との関係を考える材料として、具体例の第三には、大和長谷寺の瓦がある。

大和長谷寺は皇室と関係の深い寺として、徳川幕府の注目する寺であったらしい。長谷寺は天文五年（一五三六）焼失し、天正年間豊臣秀長によって復興され、本堂は天正十六年（一五八八）に落慶供養が営まれた。しかし正保二年（一六四五）から慶安三年（一六五〇）にかけて、天正期の木材および屋根瓦をほとんど使わずに、改めて新築されている。

長谷寺本堂の瓦は[72]、慶安元年正月九日に寺島藤右衛門が平瓦に磨きを入れて、自分の名前を書き、

第64図　長谷寺本堂の瓦（縮尺 鬼瓦約１：20，軒瓦１：８）

段どりをつけ、本格的に開始された。大坂の寺島藤右衛門方は、掛・隅を除く、軒丸瓦・軒平瓦のすべてと丸・平瓦の大部分そして道具瓦を作る。軒平瓦の文様は、その後の二百数十年間を規定し完成された大坂式軒平瓦の文様（第64図G）であった。手下の工人達は異様な文様の刻印を一人一人持たされた。それは京都妙法院大書院の宗左衛門休清の花押からみて、休清の花押か五郎兵衛の花押を抽象化したものであったと考えられる。生まれてすぐ養子に出された四男の藤右衛門にとって、大坂寺島の本家を正統に受け継ぐものとして、親の宗左衛門休清の花押か五郎兵衛の花押は特別の意味があったものと考えられる。この親・兄の花押を写した刻印を手下の工人すべてに持たせることによって、本家を正統に継ぐものとして、京都側を威嚇したのである。そして大坂側の大棟西端の鬼瓦には「手代　喜尾小左衛門　辻本仁兵衛」「作者三右衛門」とヘラ書きがある。

一方、京都側は大棟東端の鬼瓦を作った「山城国住人藤原朝臣　寺島□□守内　井上善兵衛作」が中心となって造瓦を行なった。軒丸瓦・軒平瓦の分担はなく、隅軒丸瓦・掛軒平瓦・隅軒平瓦および少数の丸・平瓦そして大棟の鬼瓦一枚の配分である。この時、京都方は丸瓦の製作において布袋痕をすべて消し去る手法を用いている。この時期としてはきわめて特異である。

さて、この京都方の瓦工は、宗左衛門直清配下の瓦工と考えられる。それは知恩院集会堂軒平瓦Eから長谷寺本堂軒平瓦F（図示せず）への変化が文様的にも、技法的にもきわめて連続しているからである。そして京都側の刻印に、菱形の枠の中に、井の省略形の廾、そして上を書き込むのは、井上善兵衛配下の工人であることを物語っているものと考えられる。

このように慶安元年（一六四八）の長谷寺での瓦の配分をみると、大坂寺島の分量が圧倒的に多く、それは承応元年（一六五二）に協定した、史料㉗の「大坂を除く京都やその他各地の新作事は宗左衛門が六分、藤右衛門が四分」という配分とは大きく異なるものであり、その配分の仕方は、大坂の本家を継承した藤右衛門方に有利に展開したことが知られるのである。

こうして、大坂の寺島氏はその後も代々藤右衛門と名のり、御用瓦師として幕府の保護を受け「大坂の三町人」の一人であったのに対し、京都の寺島氏は一時衰退したが、元禄十六年（一七〇三）に吉左衛門通清が幕府から洛中・洛外・宇治・伏見・大津の瓦師惣頭を仰せ付けられ、ようやく家勢を挽回し、御用瓦を滞りなく勤めることができるようになった、と記している（『御用瓦師寺島家文書』）。

二　紀伊の寺島

和歌山城には関ヶ原の役後、浅野氏が入城していた。元和五年（一六一九）徳川家康の第十子頼宣《よりのぶ》がこの地に封ぜられた。入城に際し将軍から、城の石垣など思うままに普請せよといわれ、銀二〇〇〇貫を賜わったという。いわゆる御三家は、慶長十四年（一六〇九）に第九子義直が清須に、第十一子頼房が常陸水戸に封ぜられていたが、この頼宣の和歌山転封によって、尾張・紀伊・水戸に定着し、確定することとなった。

『御用瓦師寺島家文書』によると、寺島の祖である三郎左衛門の実子である、三郎左衛門は初め天王寺、後に根来寺に住み、元来諸細工がよくでき、慶長十七年には兄宗左衛門と共に京都大仏殿の御用瓦を勤め、この三郎左衛門は道具瓦を細工して、紀州根来寺住人寺島甚七作との銘を記していた。その後、三郎左衛門と名乗り、紀州の徳川頼宣の御用を相勤め、和歌山に居住し、その後、子の甚兵衛に家業を譲り、大坂に隠居して、寛文十二年（一六七二）に大坂で没したという。

菅原正明氏による和歌県内のヘラ書き瓦銘収集[17][73]（以下、ヘラ書き瓦の工人名は菅原正明氏による）でみ

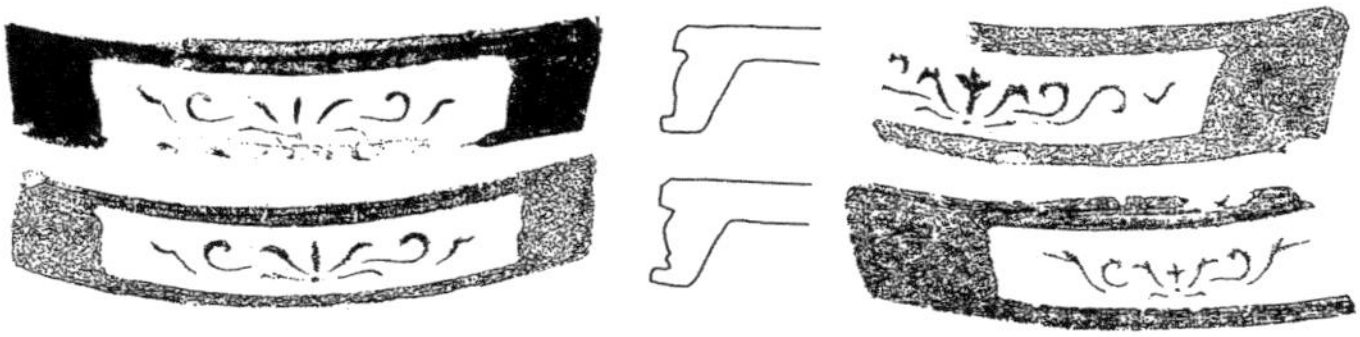

第65図　和歌山城の軒平瓦（縮尺 1：6）

ると、和歌山城のものと推定される鬼瓦には「二十八代　寺嶋三郎左衛門」「藤原茂慶作」のヘラ書き瓦があるという。このように、紀州徳川の御用瓦師として三郎左衛門は和歌山で瓦業を営んでいる。和歌山城は元和九年から城の拡張工事にとりかかっており、この工事はあまりにも大規模であり、幕府の疑惑を受けるほどであった。和歌山城(74)で発掘された瓦ではこの時期のものが最も多く、この時期の軒平瓦は中心三葉文で萼部を有し、二回反転目の唐草文が屈曲するものである（第65図）。

次に、明暦元年（一六五五）には、和歌山県日高郡川辺町の道成寺に寺島銘の瓦が出現する。この時の修理は、徳川頼宣の援助を受けて屋根葺替えが行なわれたものである。「明暦元年寺嶋茂慶明暦元年」銘の降・隅鬼瓦が二枚、「寺嶋茂慶」銘の大棟鬼瓦が二枚、「寺嶋茂慶明暦元年」銘の降・隅鬼瓦が四枚残され、この他に「生当国根来寺坂本者　摂津国東成郡生玉住ス　御瓦師寺嶋宗清七拾三ノ作明暦元年九月吉日」と「摂津住人寺嶋貞栄　明暦元年」の降鬼瓦が一枚ずつある。この時の寺島茂慶は三郎左衛門宗順の子供である寺島甚兵衛であろう。また、一枚ずつのヘラ書き銘を残す宗清と貞栄は、摂津から呼び寄せた工人であろう。

さらに、寛文六年（一六六六）の下津町長保寺霊殿の鬼瓦には、「寺嶋甚兵衛　藤原茂慶」のヘラ書きがあり、菅原氏の指摘どおり、第二代の寺島茂慶＝寺島甚兵衛の作品だろう。

この他に、和歌山市西要寺の天和三年（一六八三）の鬼瓦に「寺嶋甚兵衛尉　藤原政慶作」、和歌山市善行寺の元禄十四年（一七〇一）の鬼瓦にヘラ書き銘「寺嶋甚兵衛　藤原政慶作」があり、藤原政慶は第二代寺島甚兵衛とみられる、と菅原氏は記している。

しかし、紀州における寺島本家はそれ以降、続かなかったらしい。その理由は、全体として紀州徳川家の瓦御用が少なかったからであり、また瓦を安価に製作して他の瓦屋と競争するだけの改善を行なわなかったからであろう。江戸中期以降、紀州の各地に浸透していくのは谷川産の瓦である。

なお、江戸時代後期に紀州各地に寺島銘の瓦師がいるが、これはかつて紀州寺島本家に仕えていた手下の瓦師が、地元に帰って寺島の姓を称したもので、その後裔の瓦師達であろう。

三　名古屋城下の瓦生産

名古屋城下の瓦生産については、初期の段階の瓦工名が全くといっていいほど判明していない。まずは、服部哲也氏(75)・浅野弘子氏(76)(77)によって紹介された銘文瓦と史料をもとに、十八世紀の「御瓦師」名をみていきたい。御瓦師と記されるヘラ書き瓦は次の五点である。

(一)　名古屋城東南櫓の鳥衾「宝永七寅年八月吉日　御瓦師加藤十左衛門　名古屋東田町瓦師古橋三右衛門作　五拾本之内」(一七一〇年)

(二)　名古屋城下東照宮高原院霊屋本殿の獅子口「享保十四年丑二月　御瓦師加藤小市郎瓦師権右衛門作」(一七二九年)

(三)　名古屋城下東照宮高原院霊屋唐門の鬼瓦「寛保元年酉九月　御瓦師斎賀六左衛門」(一七四一年)

(四)　名古屋城三の丸出土の施釉陶器瓦「焼師市左衛門(以上鉄釉による書)延享二年　丑十一月瓦し　権右門作　御瓦師　加藤彦兵衛　斎賀六左衛門」(一七四五年)

㈤　名古屋城三の丸出土の施釉陶器瓦「延享三寅三月　御瓦師　加藤彦兵衛　斎賀六左衛門　権右□」（一七四六年）

以上のヘラ書き瓦の中で、御瓦師と呼ばれているのは加藤十左衛門（一七一〇）・加藤小市郎（一七二九）・加藤彦兵衛（一七四五・一七四六）と斎賀六左衛門（一七四一・一七四五・一七四六）であり、『藩士名寄』による御瓦師系図の加藤家の十左衛門（一七〇一〜一七二七）――小市郎（一七二七〜一七三九）――彦兵衛（一七三九〜一七六六）および斎賀家五代の六左衛門（一七三三〜一七九〇）の勤務年代と完全に一致している。

実際に瓦を作りヘラ書きしたのは、㈠は瓦師古橋三右衛門、㈡は権右衛門が作り加藤小市郎と権右衛門がヘラ書きし、㈢は斎賀六左衛門、㈣・㈤は瓦し権右門であり、㈡・㈣・㈤は同一人物のヘラ書きであろう。すなわち権右衛門は御瓦師加藤家配下の瓦工と考えられるが、三葉葵紋陶器瓦では、「御瓦師加藤彦兵衛と斎賀六左衛門」の両家の指揮のもと瓦作りを行なったことを明示している。加藤家の御瓦師は自ら瓦を作ることはめったになく、斎賀家の御瓦師は自ら瓦をしばしば作っていたとみてよいだろう。

ところで加藤家の十左衛門以前の先代としては『藩士名寄』では重左衛門が記され、それはまた『熱田神宮史料』の貞享三年（一六八六）に、加藤重左衛門が「御瓦屋頭」と記されることから、この頃の加藤家は有力な瓦師であることが証明されるのである。それ以前については、加藤氏の「先祖書」に、

①先祖は城大夫で、熱田神宮修理の御瓦師であり、②清須城普請の時御用を仰せ付けられ、③名古屋城普請の時は城大夫・清左衛門親子が三の丸の御用を勤めたとし、その後④居住地は蝦屋町・法花寺町・鳴海村・法花寺町と変化したという。

一方、斎賀家は、斎賀六左衛門（一七三三～一七九〇）以前に、初代斎賀六助から始まって、その後二代六左衛門――三代六左衛門（一六八一～一七〇九）、四代六左衛門（一七〇九～一七三三）が『藩士名寄』および「橋本家資料」に記され、また「橋本家資料」では六助は⑤駿河に居住し、駿府城造営の際に瓦御用を仰せ付けられ、⑥慶長年中の名古屋城天守建設の際に呼び寄せられ、⑦居住地は伝馬町・蝦屋町・法花寺町・鳴海村・法花寺町と変化したという。また、⑧三代目六左衛門は「御瓦師」に仰せ付けられたという。

以上からみると加藤家も斎賀家も一六八〇年代には「御瓦師」「御瓦屋頭」となっているが、十七世紀前半代では有力な瓦師の一つではあったかもしれないが、「御瓦師」の身分ではないと考えた方がよいのではないだろうか。つまり、③の名古屋城御用は本丸ではなく三の丸であったこと、両家とも転々と居住地を変えさせられている（④・⑦）ことなどは、必ずしも最初から最有力の瓦師ではなかったことを物語っているようである。

そして加藤家の①～④、斎賀家の⑤～⑦の事項が事実であるか作り話であるか、今は検討する材料を持たないが、少なくとも十七世紀における尾張の瓦を観察した限りにおいては、きわめて妥当な伝承を有していたとみなければならないだろう。それは、①の尾張在住で熱田神宮の瓦作りを行なっていた、②清須城の瓦作りを行なった、⑤駿府城の瓦作りを行なったという事項は、清須城瓦と名古屋城瓦の同笵関係、十七世紀初頭から中葉までの駿府城と名古屋城瓦の類似性を考えると、尾張の近世瓦師の出自が尾張・駿府あたりにあったことを示すものである。ただし①〜⑦の事項が加藤家・斎賀家のものとして正しいかどうかは、十七世紀代の銘文瓦が発見されない限り、議論する材料すら得ることができない。

四　江戸の前期瓦

慶長五年（一六〇〇）の関ヶ原の役によって天下の実権が徳川氏に帰し、慶長八年家康は征夷大将軍となり、ここに江戸は政治的中心地となる。そして、慶長年間に江戸城本丸・天守が造営され、元和にも天守が造営される。この時の天守は銅瓦葺であり、本丸の他の建物では銅瓦葺と瓦葺とが相半ばしているようである。しかし、現物としては、江戸城のこの時期の瓦は全くわからないのが現状である。

江戸の慶長年間の瓦として判明する唯一のものは、本門寺の瓦である。東京都大田区池上本町本門寺五重塔[78]は慶長十二年（一六〇七）に二代将軍秀忠が乳母の正心院日幸尼の発願によって建立（伏鉢刻銘による）したもので、五重塔の鬼瓦に「紀州那賀郡根来寺住人胸直作　慶長十二年六月六日」のヘラ書きがある。五重塔乾二の鬼瓦には「六月廿一日下二番」のヘラ書きがあり、これには外形が楕円形で内側が四花文のスタンプがあり、同一スタンプは軒丸・軒平瓦にもみられるから、鬼瓦・軒丸瓦・軒平瓦のセットが判明する（第66図）。

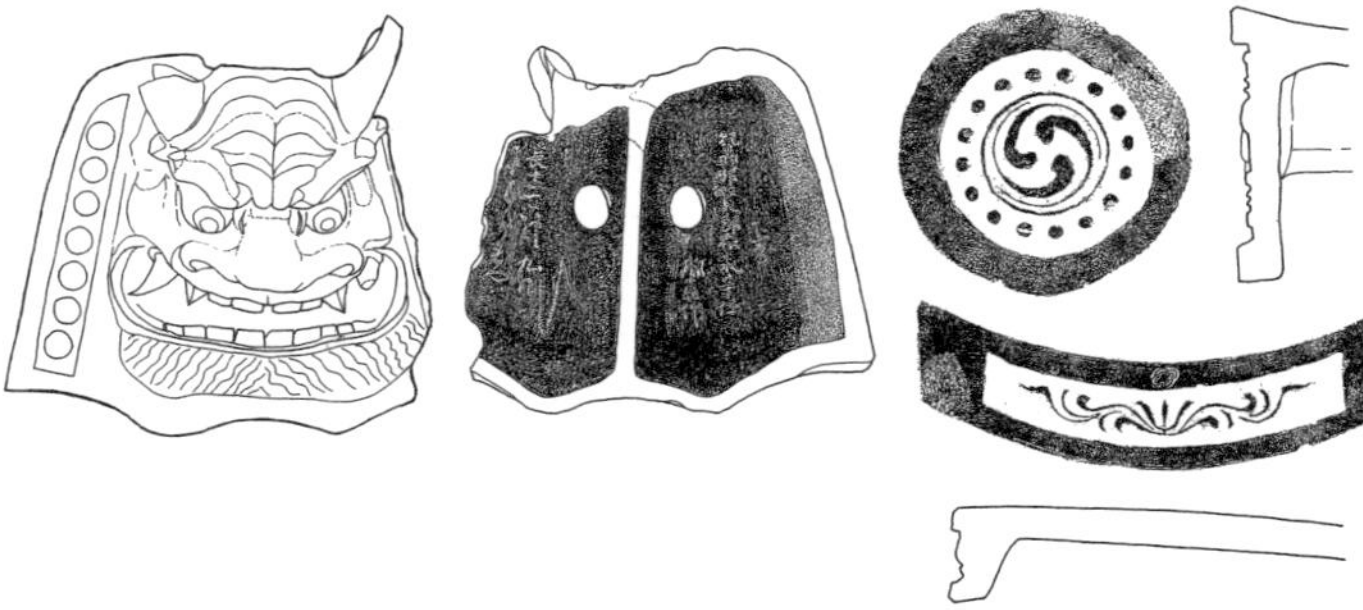

第66図　本門寺五重塔の瓦（縮尺 鬼瓦 1：12，軒瓦 1：10）

軒丸瓦は右巻三巴文軒丸瓦で、軒丸瓦の外区は外縁・内縁とも面取りし、さらに外区内側まで削りを行なっており、二次調整加工は入念である。軒平瓦は中央に三葉文を配し、左右に主葉と枝葉とを組み合せた唐草文を三回反転させるものである。瓦当上縁・瓦当下縁・顎部後縁の面取りを行ない、二次調整加工は入念である。鬼瓦は獣性豊かな表情で、角が内彎するなど「四天王寺住人瓦大工」の製品を想起させるものであり、根来寺焼失後再建の根来寺不動堂の鬼瓦と比較しても、秀れた出来栄えを示している。

さて、これら本門寺の塔の瓦が、紀伊から運ばれたものか、江戸周辺での出張製作であるかの問題だが、私は一時、出張製作を考えたことがあったが、今では紀伊から運ばれたものと考えている。それは、江戸での瓦生産がなかなか開始されなかったようであり、本門寺の瓦の胎土が、後の江戸式の軒平瓦と比べて若干異なることである。そして、鬼瓦の裏面の目立たない個所に「紀州那賀郡根来寺住人胸直作」のヘラ書きの他に「下一番」のヘラ書き、さらに作者名を記さない鬼瓦にも「下二番」などのヘラ書きがある。製作者が建物での瓦の葺き位置を指定しているのであり、これは瓦製作工人と瓦葺き工人とが異なることを示すものだろう。瓦を製作するために江戸へ来た瓦工が、製作した瓦の瓦葺きの際に参加しなかったとは考えにくい。遠隔地に瓦の製品だけを送り、製作工人は随伴しない場合に、細かな使用位置を文字で指図することが最もありそうなことだからである。

次に、江戸の寛永年間の瓦として、寛永寺五重塔の瓦を述べよう。

寛永寺は徳川秀忠が草創したもので、寛永元年（一六二四）起工し、寛永十四年まで多くの建造物が造営され、五重塔は寛永八年に土井大炊頭利勝によって奉建されている。しかし、寛永十六年に薬師堂より出火し、廻廊・五重塔が焼失した。五重塔は、施入者利勝によってすぐ復興された。

この再建された五重塔は現存しており、昭和六十二年（一九八七）修理の際の、五重塔軒瓦の組み合せが瓦宇工業に保管されている。軒丸瓦は左巻三巴文で、丸瓦部凸面のナデは極めて入念で、瓦当外区外縁には面取りが残る。軒平瓦は中央に側面蓮華文、左右につぼみを表現し、平瓦部凹面に木目痕を残し、瓦当外区上縁に中央幅広の面取りを行なう。また、軒平瓦の外区内縁・外縁・顎部後縁に面取りを行なう。この軒丸瓦・軒平瓦には瓦工名と思われる（新衛門か）刻印があり、両者が組み合うことは明瞭である。鬼瓦は残りが良く、寛永期の二七個の鬼瓦が小林章男氏(46)によって図示されている。鬼面の表情は、大和の橘氏や播州英賀住人瓦大工の製品に似た鬼瓦も存在するが全体として独自のものであり、左右の珠文帯の上端が尖る点など畿内周辺では見かけない文様部分がある。おそらく、東

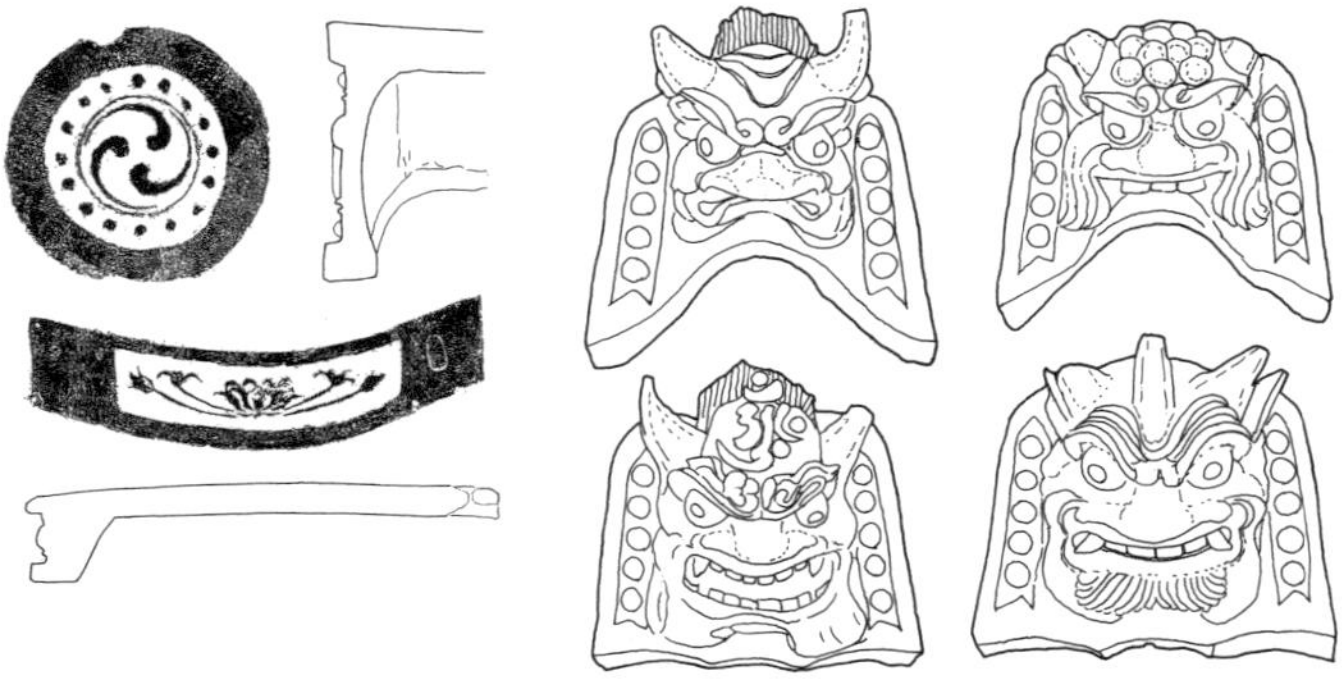

第67図　寛永寺五重塔の瓦（縮尺 軒瓦 1：10）

日本で生産された鬼瓦であろう。

そして、寛永寺五重塔の側面蓮華文軒平瓦の同笵品が三島大社境内遺跡で出土している。三島大社は寛永十一年（一六三四）、家光の代に大社の造営が行なわれており、この時の瓦であることが判明する。以上のように、寛永十六年の寛永寺五重塔の瓦と、寛永十一年の三島大社の瓦が同笵であるということは、この瓦を生産した場所が、三島周辺にあることを想定させるのである(79)。

さらに、江戸の寛文・延宝期（一六六一～一六八一）の瓦として、東京大学山上会館・御殿下記念館建設地点地下出土の第一期の瓦を述べよう。

山上会館・御殿下記念館地点は加賀藩本郷邸の一部であったが、元和二・三年から明暦大火（一六五七年）までは加賀藩下屋敷であった。明暦大火後は、五代藩主綱紀が避難して、この屋敷に常住したらしい。その後、天和二年（一六八二）十二月の大火以降、加賀藩上屋敷となり、幕末まで存続する。

出土した軒平瓦の文様の特徴は、均整唐草文軒平瓦で中心飾りは二葉か三葉で、その上方に小さな三点珠を配するものが多い。一箇所三点珠、二箇所三点珠、三箇所三点珠、点珠なしの四通りがある。左右の唐草文は複線表現と単線表現を組み合せたもので、左右両端の唐草は先端が二又に別れるものが多い。駿府城出土例に酷似するもの（中央一箇所三点珠、二回反転唐草文）、三島大社境内遺跡と同笵のもの（二箇所三点珠、三回反転唐草文）、小田原城と同笵のもの（複線三葉文点珠なし、二回反転唐草文）などがあり、類似した文様の軒平瓦まで含めると、山上会館・御殿下記念館出土の第一期瓦の半数に達している。

これらの瓦に共通するのは、色調が灰色で、さわるとザラザラした感じの焼きあがりである。胎土が全く同一というほどの自信はないが、比較的類似した胎土・色調をもつ一群であることは確実である。したがって、これらの瓦が、静岡市駿府城・三島市三島大社境内遺跡・小田原市小田原城で出土していることからみて、静岡県東部から神奈川県西部までの間のいずれかの地域で生産された瓦が、江戸の加賀藩邸遺跡（山上会館・御殿下記念館地点）に運ばれた可能性はきわめて高いといってよい(79)。

以上のように、江戸遺跡や江戸の建造物から得られたわずかな量の瓦から判断すれば、江戸前期の瓦は他の生産地から搬入されたものが多いことがわかる。しかし江戸に関する史料の中には、江戸における瓦製作が行なわれていたことを窺わせるものがある。

その点で第一に検討すべきは、『御用瓦師寺島家文書』である。「寺島之系図」をもとに、寺島の祖である三郎左衛門を第一世代とし、子を第二世代、孫を第三世代、曾孫を第四世代とすると、第二世代から第四世代まで江戸で瓦生産がなされていたようである。そして、それには三つの流れがある。

一つは、第二世代の三郎左衛門を出発点とするもので、彼は江戸に居住して御用瓦相勤めたが、三郎左衛門およびその子が死んだので、甥にあたる壱岐が三郎左衛門の家業を相続して、御用瓦相勤めたとするものである。この場合、三郎左衛門が江戸に移り住んだのは、元和年間のことと考えられる。

他の一つは、第三世代の三郎兵衛を出発点とするもので、彼は寛永九年（一六三二）に江戸に移り、江戸表の御用を相勤め、江戸の御用で「大阪瓦廻り候時」は、兄宗左衛門・弟藤右衛門と「一所ニ」御用を相勤めたとする。彼は承応二年（一六五三）に四十一歳で没した。その後を継いだのは、子の二代目三郎兵衛であり、父の死の四年後に、江戸で明暦の大火（一六五七年）がおこり、江戸城の再建に多量の瓦が必要になった。この再建のための「江戸御本丸御作事之御用」における「大坂瓦廻り候分」は、伯父の宗左衛門・藤右衛門と二代目三郎兵衛とが相勤め仕上げたと記す。この三郎兵衛は、後年出家し、京都で隠居生活に入り、延宝四年（一六七六）に没している。

最後の一つは、京都寺島の宗左衛門を中心とする動きで、彼は江戸の御用も勤めたようで、寛永十三年か慶安元年かは不明だが、江戸城の西御丸・紅葉山の御用を勤め、「江戸御本丸御作事」の際には、長男宗兵衛と共に、「一所ニ」「在江戸」して仕えたが、長男は寛文元年（一六六一）に没し、その後、五男の文右衛門を寛文六年に江戸に呼んで「一所ニ」御用相勤めたという。京都の寺島を継いだ吉左衛門によると、江戸表の御用は文右衛門が、上方の御用は吉左衛門が、江戸の御用で「上方瓦廻り候時」は吉左衛門と文右衛門とが立合って相勤めることを、親の指示どおりに証文をとりかわしたという。このように晩年の宗左衛門は、(藤右衛門との訴訟に敗れたためか)江戸での御用に全力を注ぎ込んだことが窺えるが、寛文十二年に江戸で没している。

以上のように「寺島之系図」からみると、江戸での御用瓦を受け持った人々には三つの流れがあることがわかるが、二番目と三番目はある時点から連結するもので、二代目三郎兵衛が出家して京都へ行くことと関連して、京都寺島の宗右衛門は五男の文右衛門を江戸へ呼んだものかもしれない。いずれにしても、二番目と三番目が江戸御本丸御作事などに関与して大規模な量の瓦を取り扱っているのに対し、一番目の三郎左衛門——壱岐の瓦業には大規模な瓦を取り扱った事項が記されていない。そして、江戸御用で「大坂瓦廻り」「上方瓦廻り」と記す時は大坂産・京都産の瓦を江戸城へ搬入したことがわかるが、「江戸表之御用相勤」めると記す時に瓦の運搬や江戸での瓦葺きを勤めたことは間違いないが、これらの瓦をすべて江戸で製作したかどうかは疑問として残るのである。しかし、江戸での寺島家が全く瓦を製作しなかった、というのも考え難いのである。

次に別の史料をあげよう。

まず第一に、『寛永日記』には、寛永十七年(一六四〇)三月に浅草瓦焼屋敷から失火する記事がみられることである。

第二に、『武江年表』の正保二年（一六四五）の条に、「江戸にて始めて瓦を焼く（寺嶋氏某氏、中氏彦六というもの、江戸瓦師の元祖という）」と記すことである。

第三に、『文政町方書上』に、万治年中（一六五八～一六六一）に墨田川東岸の小梅瓦町・中之郷瓦町・中之郷横川町に瓦業が起こったと記されていることである。

第一の史料は浅草瓦焼屋敷から出火したのが寛永十七年であるから、それ以前から江戸で瓦製作が行なわれていたことを示し、それは中世以来の浅草寺に関連する瓦屋なのか、寺島家に関連する瓦屋なのか不明だが、前者とすれば寛永八年の浅草寺炎上、寛永十二年落慶、寛永十九年の浅草寺炎上、慶安年次落成に関連する瓦焼屋敷なのであろう。

そして第二の正保二年の寺島氏某氏・中氏彦六の瓦製作はその製作地が江戸のどの場所であったか全くわからないが、正保二年の瓦製作が翌年完成する江戸城三の丸の新殿建設に伴うものであった可能性は充分にある。そして、昭和六十二年に報告されている「皇居参観者休所建設工事に伴う調査による江戸城三の丸の出土品」(80)の中には、中心飾りと左右の萼は大坂式軒平瓦の特徴を持つが、唐草文の左右両端は複線で表現され二又に別れる文様を有した軒平瓦が存在するのである。この軒平瓦は正保年間製作か、明暦の大火後の再建瓦か不明だが、ほぼ寛文期を前後する時期のものであり、大坂式軒平瓦の文様を基本とし、これに先述した駿府城・三島大社遺跡などでみられた東海的な要素が加わっているのである。これは江戸における寺島家の作品であることを想定させる。したがって『武江年表』に記すような正保二年以降の江戸瓦は、江戸にて製作した相当量の寺島製瓦が、江戸城の地下に存在するとみてよいと思う。しかし、それも寛文・延宝頃までで、それ以降は寺島家の江戸での活動を『御用瓦師寺島家文書』の中から読みとることはできない。宝永元年（一七〇四）の江戸向けの二八六万一〇〇〇枚の瓦は、大坂町奉行から大坂寺島藤右衛門が受けており、江戸での寺島の存在を窺うことはできない。この時は大坂産の瓦を江戸に搬入する方法のみがとられているのである。

江戸は巨大な量の消費を伴う世界的な大都市であり、瓦の需要も多いものであった。江戸城のような幕府関連施設では寺島製の瓦でもよいが、江戸に所在する諸藩の武家屋敷では安価な瓦が必要であった。したがって小規模な瓦屋が林立する瓦町が生じてくるのである。第三の史料には、明暦大火後の万治年中に墨田川東岸に瓦業が起こったことが記される。この時に製作された軒平瓦が、初源的な「江戸式軒平瓦」と考えられる。以下では、江戸式軒平瓦についてやや詳しく述べておきたい。

加藤晃氏(81)によって提唱された江戸式軒平瓦の文様の特徴は、中心飾りは8の字状の中央と内彎する両脇、中央下の点珠の四単位で構成され、左右は二回反転の唐草文と左右両端の子葉からなる。中心飾りは中央にくびれのないもの、両脇にくびれのないもの、などの特殊なものも含めて江戸式軒平瓦と呼ぶ。中心飾りは中央と内彎する脇の両方とも複線で表現するものをⅠ、中央だけ複線をⅡ、脇だけ複線をⅢとし、両方とも単線で表現するものをⅣと分類する。また加藤氏は唐草文を一二種（A～L）、子葉を一二種に細分しているが、ここでは省略し、必要に応じて加藤氏のKというように記す。

第68図　江戸式軒瓦・軒桟瓦の変遷（縮尺 1：6）

以下、江戸式軒平瓦の編年については私なりの説明をしておきたい。

Ⅰ段階（一六五七～一六八〇年）　山上・御殿下瓦1期、紀尾井町遺跡ＳＡ46、尾張藩上屋敷遺跡報告Ⅳ、一ッ橋二丁目遺跡O37号遺構資料などがある。中心飾りは中央・脇とも複線で表現するⅠが多いが、紀尾井町遺跡の中に中央を単線（直線）で描き脇区だけ複線とするⅢを含む。中央複線は下方がやや大きい円形をもつものが多い。左右の唐草文は複線であり、先端が尖るものと小さく丸みを帯びるものがあり、子葉は単線・複線の両方あるが上方へ外反する単純形のもの。山上・御殿下瓦1期資料は一六五〇～一六七〇年頃に収束すると考えられ、紀尾井町遺跡ＳＡ46資料は明暦の大火直後で、尾張藩上屋敷資料は一六五六～一六八三年頃の使用と考えられている。江戸式軒平瓦出現の年代は、後述の甲府城で寛文四年からの造瓦に江戸式軒平瓦が使用されているので、少なくとも寛文元～三年には江戸で江戸式軒平瓦が製作されていると考えなければならない。その点では万治年中（一六五八～一六六二）の墨田川東岸に瓦業が起こったというのは、ちょうどよい年代だと思う。[82]

Ⅱ段階（一六八〇～一七一〇年）　山上・御殿下瓦2期資料。中心飾りは複線から構成されるⅠのみ。中央複線は下方がやや大きい円形をもつものも少しあるが、大部分は上方・下方とも、ほぼ同じ大きさのもの。唐草文と子葉は基本的にはⅠ段階と同じ。

Ⅲ―1段階（一七一〇～一七四〇年）　山上・御殿下瓦3期の古相、尾張藩上屋敷遺跡Ⅶの第12地点資料。中心飾りは複線から構成されるⅠが主体だが、中央だけ複線のⅡが出現する。唐草文には複線表現の他に、新たに単線表現が加わる。唐草文先端が丸みをおびるものは、まだ出現していない。

Ⅲ—2段階（一七四〇～一七七〇年）　山上・御殿下瓦3期の中相、尾張藩上屋敷遺跡Ⅶの第30地点資料。中心飾りは複線から構成されるⅠ、単線で構成されるⅣがある。唐草文はすべて単戦表現となり、唐草文の先端が若干膨らむもの（加藤氏のⅠ）と、先端が膨らむもの（加藤氏のJ）が出現している。

Ⅲ—3段階（一七七〇～一八〇〇年）　山上・御殿下瓦3期の新相、隼町遺跡558号資料。中心飾りは複線から構成されるⅠの他、Ⅱ～Ⅳの種類がある。唐草文は前段階と同じく単線表現であるが、唐草の先端は肥大化し円盤状になる（加藤氏のK）。

Ⅳ段階（一八〇〇～一八三〇年）　山上・御殿下瓦4期の資料。中心飾りは複線から構成されるⅠと、両方とも単線のⅣがあり、前者の中心飾りは、中心8の字の上位が大きく下位が小さくなる。唐草先端は円盤状（加藤氏のK）。

Ⅴ段階（一八三〇～一八六八年）　山上・御殿下瓦5期の資料。中心飾りは複線から構成されるⅠと、中央だけ複線のⅡ、脇だけ複線のⅢがある。唐草の巻きは先端が肥大化し、巻き込みがほとんどみられなくなり、円盤状になり、唐草の山なりが低くなる（加藤氏のL）。

江戸式軒平瓦Ⅱ～Ⅴ段階の瓦は、江戸遺跡のあらゆる場所で圧倒的な比率を占め（江戸城を別とすれば）、江戸の瓦は江戸で製作するという一定のスタイルが確立したのである。それがある程度変わるようになるのは、幕末における三州瓦の流入であった。

五　甲府城下の瓦生産

甲府城は浅野長政・幸長父子によって大々的に築城されたが、関ヶ原の役後は徳川氏が甲斐を支配し、城代・城番を置いた。寛文元年（一六六一）に、家光の四男である徳川綱重が城主となり、寛文四年に幕府より二万両を得て、約二年間の大規模な修復が行なわれた。この時の軒平瓦は江戸式軒平瓦の文様をもつ四種程の范型を使用して軒平瓦を製作している（第60図1～4）。おそらく甲府城の寛文期の瓦は、江戸の墨田川東岸で江戸式軒平瓦を製作しはじめた瓦工達を甲府に呼びよせて、製作させたものと考えられる。その理由は江戸と甲府の軒平瓦の文様が類似すること、甲府城の先行する時期の瓦と胎土が共通すること、江戸から陸路および水路で甲府まで多量の瓦を運ぶことは一般的には困難と考えられるからである。

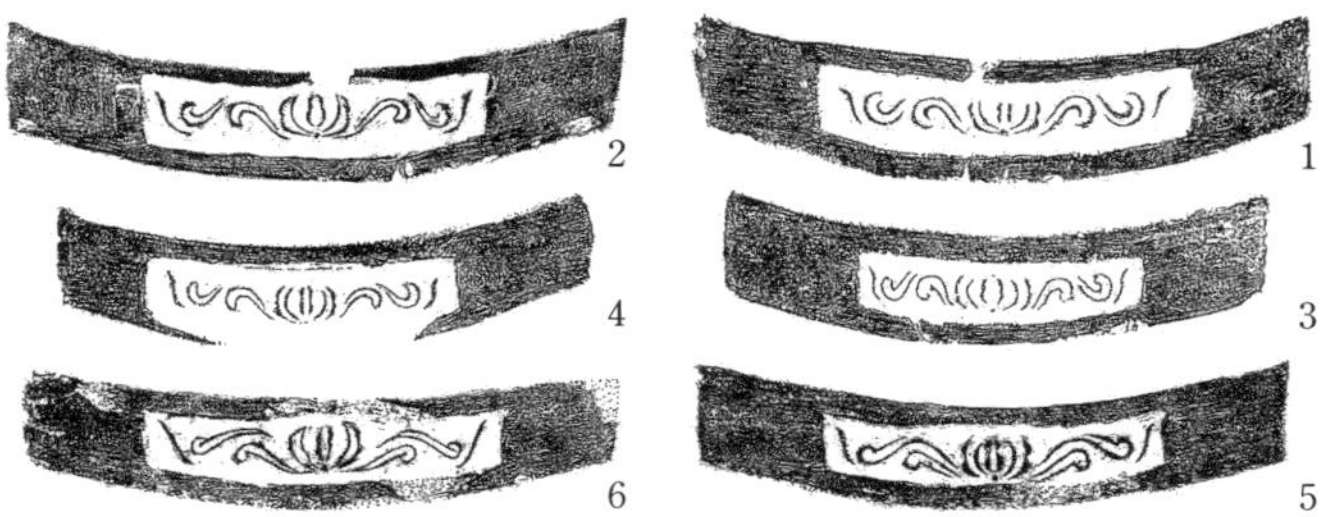

第69図　甲府城の軒平瓦（縮尺 1：6）

次いで、宝永元年（一七〇四）に柳沢吉保の甲斐拝領が決まり、宝永三年に修理増築が始まり、吉保の子柳沢吉里が宝永六年に甲府城に入るまで大規模な工事が行なわれた。この時期の軒平瓦には江戸式軒平瓦の典型的な文様をもつもの五種がある他に、「江戸式軒平瓦」のやや変形した文様をもつもの二種が比較的多く出土している。(83)(84) 二種（第60図5・6）とも、唐草の巻き込みが球状になり、唐草は直線的となり文様は硬化している。これは、この時期新たに江戸の瓦工人が甲府に派遣されたもの以外に、甲府における江戸式軒平瓦の独自の変遷が想定され、その起源が寛文期にあるのか、元禄頃にあるのかはわからないが、江戸に起源をもつ瓦工人の甲府在住を想定してよいのではないかと思う。

次に、享保十二年（一七二七）に大火により城内の建物が焼失し、再建・修復が行なわれている。宝暦五年（一七五五）には城内外修復のために二七〇〇両あまりが勘定奉行よりとどき、宝暦七、八年に山手門・稲荷社・楽屋表御門・同心番所・山手番所などが修復されている。

この時期の軒平瓦として中心飾り三葉文の軒平瓦二種や江戸式軒平瓦一種をあげることができる。

十八世紀後半から十九世紀前半にかけては、多くの修復が行なわれている。この時期には、かなり軒桟瓦が多くなっている。また文様の種類も多いが、東海式軒平瓦・軒桟瓦は十九世紀にはその比率を増している。東海地方からの工人の出張制作による瓦製品が多く含まれるようになる。

六　姫路城下の瓦生産

姫路城は関ヶ原の役後、池田輝政が入城し、翌慶長六年（一六〇一）土工を起し、内郭・外郭を整備し、十三年から天守閣の組建てにかかり、築成工事が一応の竣工をみたのは慶長十四年であった。『姫路城保存修理工事報告書Ⅲ』(85)では、「当初は唐草瓦及び巴瓦共、池田家の揚羽蝶文と五七桐文を交互に配置する葺立て形式であった」と加藤得二氏は述べる。桐文軒丸瓦・桐文軒平瓦・蝶文軒丸瓦・蝶文軒平瓦を繰り返す葺き方である。桐文・蝶文軒平瓦とも瓦当上縁に中央幅広の面取りを行ない、瓦当裏面の大部分はタテナデによって仕上げている。なお、この他に桐文軒丸瓦・軒平瓦の組み合せがあり、この軒平瓦の瓦当上縁には中央幅広の面取りが行なわれ、古い形態をとどめ、池田時代（一六〇〇〜一六一七）か本多忠政・忠刻（一六一七〜一六二六）の時のものと考えてよいものである。

本多家の後は松平家が城主になったが、松平忠次は大老として幕政をあずかり、榊原忠次・政房が入城（一六四九〜一六六七）している。榊原氏の家紋は源氏車文で、源氏車文軒丸瓦・軒平瓦がこの時のものであろう。次に松平直矩の時代（一六六七〜一六八二）の延宝元年（一六七三）に「姫路城乾小天

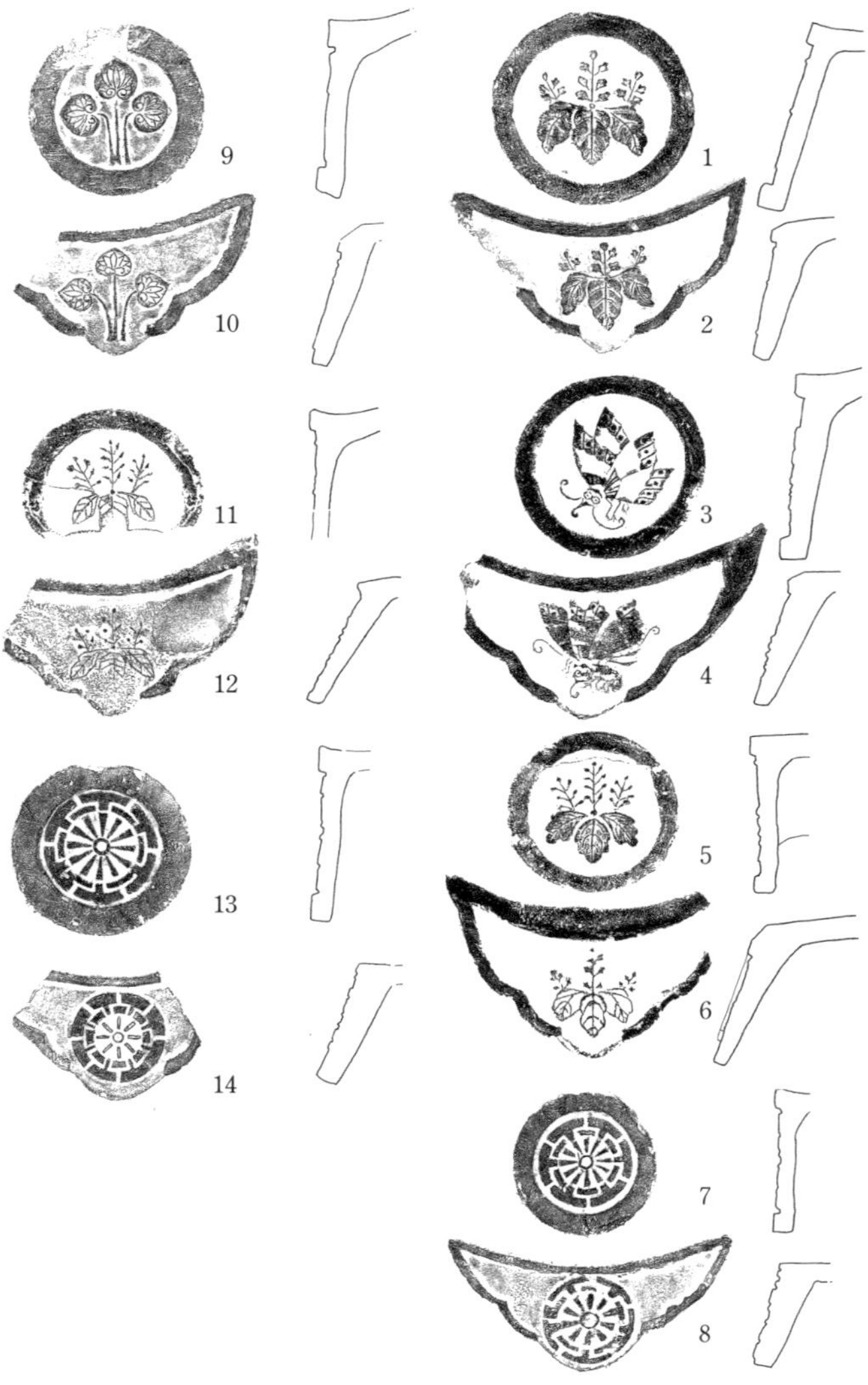

第70図　姫路城の瓦(1)（縮尺 1：10）